SUITES

A

BUFFON

PLANCHES

pour Livraison

INSECTES; HYMÉNOPTÈRES.

PARIS

A LA LIBRAIRIE ENCYCLOPÉDIQUE DE RORET.

Rue Hautefeuille, N° 10 bis.

HISTOIRE NATURELLE

DES

INSECTES.

HYMÉNOPTÈRES.

Par M. le Comte
AMÉDÉE LEPELETIER DE SAINT-FARGEAU,
MEMBRE DE L'ACADÉMIE DE MOSCOU, DE CELLE DE DIJON, DES SOCIÉTÉS
D'HISTOIRE NATURELLE DE PARIS ET DE VERSAILLES, ET DE
LA SOCIÉTÉ ENTOMOLOGIQUE DE FRANCE.

Atlas

Renfermant 48 planches gravées sur acier.

PARIS.

LIBRAIRIE ENCYCLOPÉDIQUE DE RORET,
RUE HAUTEFEUILLE, N° 10 BIS.

1846

EXPLICATION DES PLANCHES

DES

INSECTES HYMÉNOPTÈRES.

PLANCHE PREMIÈRE.

Fig. 1. Aile sur-complète, en ce que la partie caractéristique a deux cellules radiales.

Fig. 2. La même aile que celle de la fig. 1, divisée en quatre parties espacées entre elles, mais placées en situation.

La première de ces parties contient les cellules 1, 2, 3, 4 (*cellules brachiales*); elle s'attache au corselet par la portion où aboutissent les lignes ponctuées *b, c, d, e, f.* Cette première partie s'appelle *partie brachiale.*

    1. Première cellule (espace membraneux renfermé entre des nervures) brachiale.

    2. Deuxième cellule brachiale.

    3. Troisième cellule brachiale.

    4. Quatrième cellule brachiale.

    b. Nervure, appelée *radius supérieur*, occupant une partie du bord extérieur de l'aile, de la base au point épais.

    c. Cubitus supérieur, nervure qui sépare la première cellule brachiale de la deuxième.

    d. Première *nervure intermédiaire :* la troisième des nervures brachiales, séparant la deuxième cellule brachiale de la troisième.

    e. Deuxième nervure intermédiaire : la quatrième des nervures brachiales, séparant la troisième cellule brachiale de la quatrième.

    f. Bord intérieur de l'aile, bornant la quatrième cellule brachiale.

La deuxième partie de l'aile contient : 1° le point épais *a*, portion de l'aile située sur le bord extérieur, un peu passé son milieu, épaisse, et le plus souvent opaque ; 2° la cellule ou les cellules radiales (il peut y avoir trois cellules radiales, comme dans le genre *Xyela*); 3° la cellule ou les cellules cubitales. Cette deuxième portion de l'aile s'appelle *partie caractéristique*, à cause des nombreux caractères que le système alaire doit en tirer.

    5. Première *cellule radiale.*

    5. *bis.* Deuxième cellule radiale.

    6. Première *cellule cubitale.*

    6 *bis.* Deuxième cellule cubitale.

    6 *ter.* Troisième cellule cubitale.

    6 *quater.* Quatrième cellule cubitale.

    a. Point épais.

    b bis. *Radius inférieur.* Cette nervure sépare la cellule radiale (ou les cellules radiales quand il y en a plusieurs), de la cellule cubitale (ou des cellules cubitales quand il y en a plusieurs). Elle va rejoindre le bord extérieur de l'aile *g*.

c bis. *Cubitus inférieur*. Cette nervure sépare la cellule cubitale (ou les cellules cubitales quand il y en a plusieurs), de la troisième partie de l'aile ou disque, et de la quatrième ou limbe.

g. Nervure fermant la partie inférieure du bord extérieur de l'aile.

La troisième partie contient les cellules discoïdales. Cette portion s'appelle *disque* ou *partie discoïdale*, parce qu'elle occupe le milieu de l'aile.

7. Première *cellule discoïdale*.
8. Deuxième cellule discoïdale.
9. Troisième cellule discoïdale.

Nota. Cette partie de l'aile, étant enveloppée par les trois autres, pour éviter la confusion, nous n'avons pas désigné par des lettres et des lignes ponctuées, les nervures lui appartenant qui nous servent dans nos caractères alaires; nous remarquerons seulement que : 1° le cubitus inférieur sépare de la partie caractéristique les première et deuxième cellules discoïdales; 2° la nervure d'intersection des première et troisième discoïdales (c'est-à-dire qui les sépare l'une de l'autre), est la *première nervure récurrente;* et la nervure d'intersection de la troisième discoïdale et du limbe (ou quatrième partie de l'aile), est la *deuxième nervure récurrente :* ces désignations de situation nous paraissent suffire pour les faire distinguer.

La quatrième partie de l'aile contient les *cellules du limbe*. Cette portion s'appelle limbe, et est ordinairement séparée de la partie caractéristique par le cubitus inférieur, et de la troisième cellule discoïdale par la deuxième nervure récurrente. Son bord extérieur est le bord postérieur de l'aile.

10. Première cellule du limbe.
11. Deuxième cellule du limbe.

Nota. Dans la fig. 2, où les quatre parties de l'aile sont séparées et espacées entre elles, nous avons considéré les nervures qui bornent ces portions, comme se divisant par moitié longitudinalement, de manière que chacune des moitiés longitudinales de ces nervures appartint aux portions de l'aile qu'elles renferment.

Fig. 3. Aile complète : quatre cellules brachiales sous les n°ˢ 1, 2, 3 et 4; le point épais *a* ; une cellule radiale 5; trois cellules cubitales sous les n°ˢ 6, 6 *bis*, 6 *ter* (sans rendre l'aile sur-complète, il pourrait y avoir une quatrième cellule cubitale qui serait 6 *quater*, comme dans la fig. 1); trois cellules discoïdales sous les n°ˢ 7, 8, 9; deux cellules du limbe sous les n°ˢ 10 et 11.

Nota. Les ailes des fig. 1 et 2 ne sont sur-complètes que parce qu'il y a deux cellules radiales au lieu d'une seule.

Fig. 4. Aile incomplète. Dans cette figure, les mêmes numéros désignent les mêmes cellules, et les lettres les mêmes nervures que dans les trois précédentes. Cette aile n'est incomplète que parce que la cellule n° 7 (première cellule discoïdale), manque, c'est-à-dire est confondue avec la cellule n° 6 (première cellule cubitale), n'en étant pas séparée par une nervure. On doit remarquer dans cette aile : 1° que la première cellule brachiale, sous le n° 1, est divisée en deux par une nervure presque transversale, ce qui ar-

rive dans quelques genres ; 2° que la quatrième cellule brachiale, sous le
n° 4, est également divisée par quelques nervures obliques, qui se retrouvent dans plusieurs genres, en plus ou moins grand nombre ; 3° que la nervure *c bis* ou cubitus inférieur est oblitérée à sa partie supérieure, ce qui
occasionne la réunion des espaces qui forment, dans les fig. 1, 2 et 3, les
cellules 6 (première cubitale) et 7 (première discoïdale), et par conséquent
confusion de cette dernière avec la première : 4° la nervure *b bis* ou radius
inférieur, émet, vers son bout postérieur, une petite branche qui se dirige
vers le bout de l'aile et forme un commencement de petite cellule au bout
de la radiale n° 5 ; cette petite cellule s'appelle appendice de la radiale : ici
il est incomplet, parce que la branche du radius inférieur, qui le forme,
n'atteint pas la nervure *g*, qui ferme la partie inférieure du bord extérieur
de l'aile : il serait dit complet si cette branche atteignait ce bord ; 5° dans
cette même aile la cellule n° 11, ou deuxième cellule du disque, est incomplète, parce que la nervure, qui devrait la séparer de la première cellule de
cette partie de l'aile portant le n° 10, n'atteint pas le bord postérieur de
l'aile dans la figure que nous expliquons. Il n'y a point d'appendice dans
les ailes des fig. 1, 2 et 3, parce que le radius inférieur n'émet pas de
branche.

Fig. 5. Aile la plus incomplète de celles que je connais. On n'y distingue,
outre les bords, que le point épais *a*, un peu pédiculé, c'est-à-dire porté
par une petite nervure. (Ordinairement le point épais est sessile sur le bord
extérieur, comme dans les fig. 1, 2, 3, 4.) Cette petite nervure, par le point
où elle part du bord extérieur au bout du radius supérieur, doit être considérée comme un commencement de radius inférieur. Par sa position au-
dessous du radius inférieur et du point épais, la cellule commencée 5 est la
cellule radiale. Aucune cellule n'étant séparée de celle-ci par des nervures,
nous dirons que la cellule radiale existe seule, et que toutes les autres cellules sont confondues avec elle dans l'aile représentée fig. 5.

Cette planche première doit être mise en tête du système alaire, p. 46.

PLANCHE II.

Fig. 1.   Formica ligniperda, *femelle.*
Fig. 2.   Formica ligniperda, *ouvrière.*
   2 *a*. Mandibule.
   2 *b*. Abdomen vu de côté. On voit par ce moyen que le premier
      segment de cet abdomen est très-étroit, et ne tient au second
      segment que par un pédicule mince et court. Sa forme est
      celle d'une lame ou écaille. Les pédicules qui l'unissent au
      métathorax et au second segment sont à sa partie inférieure.
   2 *c*. Aile de devant. Dans cette aile, la première cellule discoïdale
      n'est pas fermée, et la troisième discoïdale, ainsi que la pre-
      mière cellule du limbe, sont confondues avec elle.
Fig. 3.   Myrmica rubra, *mâle.*
   3 *a*. Mandibule.
   3 *b*. Abdomen vu de côté. Dans cet abdomen, le premier seg-
      ment se compose de deux nœuds, séparés par un rétrécisse-
      ment : le premier de ces nœuds est un peu en massue, dont
      la partie mince est du côté du métathorax.

3 c. Aile de devant.

Ces figures appartiennent à l'histoire des Hétérogynides.

Fig. 4.   Apis mellifica, *femelle.*

4 a. Patte vue en dehors.

Fig. 5.   Apis mellifica, *ouvrière.*

5 a. Patte vue en dehors.

5 b. Aile de l'*Apis mellifica.*

Fig. 6.   Apis ligustica, *mâle.*

6 a. Patte vue en dehors.

Ces figures appartiennent à l'histoire des Apiarites.

Cette planche doit être placée vis-à-vis la page 231.

PLANCHE III.

Fig. 1. Appareil vitré pour observer les travaux d'une fourmilière. Il se compose d'une table à pieds, dont le dessus reçoit un châssis à cinq pans vitrés, dont le plus étendu fait le fond. Le dessus n'étant point vitré, on recouvre d'une cloche de verre toute l'ouverture. Les Fourmis ne pouvant sortir, il est nécessaire de leur fournir des liqueurs sucrées pour leur nourriture et celle de leurs larves. Ce châssis a été inventé et figuré par M. Huber fils. *Voyez* le texte. Toutes les parties vitrées laissent voir l'architecture intérieure de la fourmilière, et les diverses cases où sont déposées les diverses espèces de larves et de nymphes.

Fig. 2 et 3. Intérieurs d'arbres pourris, creusés par le *Formica ligniperda*. Les couches ligneuses extérieures, souvent recouvertes de l'écorce, enveloppent ces galeries, ces planchers et ces cloisons que M. Huber a représentés comme en étant dépouillés, pour faire connaître l'industrie en architecture de ces Fourmis.

Cette planche appartient à l'histoire des Hétérogynides, et doit être placée à la page 98.

PLANCHE IV.

Fig. 1 et 2. Ruches ordinaires en osier. Ces ruches sont d'ordinaire revêtues extérieurement d'un mélange de bouse de vache et de terre grasse délayées ensemble. On en fait aussi de même forme avec des torsins de paille. On voit dans la figure deuxième que l'*Apis mellifica* ne conserve pas toujours la même direction à tous ses gâteaux.

Fig. 3 et 4. Ruches vitrées, telles que Réaumur les a employées pour voir à travers les carreaux ce qui se passait dans la ruche.

3 a. Dans les deux figures, contrevents de bois qu'on ouvre pour laisser pénétrer dans l'intérieur de la ruche le jour et la vue de l'observateur. Ces ruches peuvent se composer de divers étages superposés et l'on conçoit la possibilité de les séparer en coupant les gâteaux entre eux, soit avec un couteau, soit avec un fil de fer.

Cette planche appartient à l'histoire des Apiarides, et doit être placée à la page 231.

PLANCHE V.

Fig. 1. Portion de gâteau de cire, de l'*Apis mellifica.*

La face que l'on voit est composée d'un certain nombre de cellules b, ouvertes dans le milieu et vides encore; celles des côtés fermées et pleines, ou de miel réservé pour les provisions d'hiver, ou de nymphes, soit d'ouvrières, soit de mâles. A ce gâteau sont suspendues trois grandes cellules guillochées, destinées à l'éducation des nymphes ♀ qui doivent devenir fécondes. La cellule intermédiaire n'est que commencée, les deux autres ont toute leur longueur. Cette figure et celles de la planche quatrième sont empruntées à Réaumur.

Fig. 2. Ruche en cadres ou feuillets employée par Huber et par moi. Susceptible d'être ouverte, comme on le voit dans cette figure, elle laisse voir dans l'intérieur tout ce que l'observateur peut désirer de constater. Elle peut également se diviser, et chacune de ses parties peut se compléter par des cadres surajoutés.

Fig. 3.   La même ruche complète et fermée.

3 *a.* L'un des cadres qui composent la ruche, vu de profil.

La lettre *b* dans les figures 3, indique le tasseau qui sert à soutenir les gâteaux que l'on y place d'avance, pour diriger le travail des Abeilles dans le sens des cadres ou feuillets.

Cette planche appartient à l'histoire des Apiarides, et doit être placée à la page 231.

PLANCHE VI.

Fig. 1.   Bombus subinterruptus, *mâle.*

Fig. 2.   Bombus subinterruptus, *neutre.*

2 *a.* Aile de devant.

2 *b.* Patte postérieure de la femelle vue en dehors.

2 *c.* Patte postérieure de l'ouvrière vue en dehors.

2 *d.* Patte postérieure du mâle vue en dehors.

2 *e.* Patte postérieure de la femelle vue en dedans.

2 *f.* Patte postérieure de l'ouvrière vue en dedans.

Fig. 3.   Bombus subinterruptus, *femelle.*

Fig. 4.   Gâteau de cire, tel qu'il existe dans les nids de Bombus, déjà passablement peuplés. On y voit des cellules elliptiques; les unes ouvertes et dépouillées de cire, sont celles où les Bombus, déjà devenus Insectes parfaits, ont subi leurs métamorphoses; les autres fermées, où des nymphes existent. On y remarque encore des masses irrégulières de cire, dans lesquelles vivent les larves. Souvent des cellules en cire, ouvertes de la même forme que celles qu'offre cette figure, contiennent une petite provision de miel. Cette figure est empruntée à Réaumur.

Cette planche appartient à l'histoire des Bombides et doit y être placée.

PLANCHE VII.

Fig. 1.   Bombus lapidarius, *femelle.*

1 *a.* Patte postérieure vue en dehors.

1 *b.* Patte intermédiaire vue en dehors.

Cette figure appartient à l'histoire des Bombides, tom. Ier.

Fig. 2.   Psithyrus rupestris, *femelle.*

2 *a.* Patte postérieure vue en dehors.

2 *b.* Patte intermédiaire vue en dehors.

2 *c.* Aile de Psithyrus.

2 *d.* Anus de Psithyrus, *femelle.*
Fig. 3. Euglossa cordata, *femelle.*
   3 *a.* Patte postérieure vue en dedans.
   3 *b.* Aile de devant.
Fig. 4. Eulæma dimidiata, *femelle.*
   4 *a.* Patte postérieure.
   4 *b.* Aile de devant.
Les trois dernières figures appartiennent au II° volume.
Cette planche doit être placée à l'histoire des Bombides.

PLANCHE VIII.

Fig. 1. Nid de Bombus commencé : *a* est la porte que se ménagent les Bombus pour y entrer, lorsqu'il sera entièrement couvert de mousse ; *d* sont un petit nombre de cellules, la plupart encore closes, renfermant des nymphes : une seule est ouverte, d'où l'on peut conclure que la Mère-Bombus n'est encore aidée que par une ouvrière ; *c* est la voûte intérieure de cire déjà commencée ; *b* est la base de la voûte de mousse, non encore achevée, mais qui règne déjà tout autour.

Fig. 2. Le même nid de Bombus achevé : *a* est la porte d'entrée ; *b* est l'enveloppe de mousse achevée, et faisant la voûte au-dessus du nid.
Cette planche doit être placée à l'histoire des Bombides.

PLANCHE IX.

Fig. 1. Vespa crabro, *femelle.*
Fig. 2. Vespa crabro, *ouvrière.*
Fig. 3. Vespa crabro, *mâle.*
   1 *a.* Aile ployée de Vespa crabro, ainsi qu'elle l'est dans le repos, c'est-à-dire quand l'insecte ne vole pas.
   1 *b.* Aile déployée comme elle l'est dans le vol, ou lorsque l'insecte se prépare à voler.
Fig. 4. Polistes gallica, *femelle.*
Fig. 5. Polistes gallica, *mâle.*
Fig. 6. Polistes gallica, *ouvrière.*
   4 *a.* Aile de la Polistès déployée comme elle l'est dans le vol.

PLANCHE X.

Fig. 1. Nid de Vespa vulgaris : ce nid est toujours construit sous terre. Il est enveloppé de feuilles d'une espèce de papier, et en outre abrité par la terre.

Fig. 2. Ce même nid coupé par son milieu. On voit les gâteaux dont il est composé, et qui n'ont qu'un rang de cellules, dont l'ouverture est tournée par en bas. On voit aussi les piliers qui soutiennent les gâteaux et maintiennent entre eux l'écartement. Le gâteau supérieur est suspendu à la voûte par de semblables piliers. On voit que les lames de l'enveloppe, assujetties les unes aux autres par leurs bords, sont cependant distantes les unes des autres et forment des voûtes superposées. Les gâteaux sont de la même matière que l'enveloppe.

Fig. 3. Gâteau détaché, vu en dessous, présentant les ouvertures des cellules.

Fig. 4. Gâteau détaché, vu en dessus, présentant le dessous ou fond des cellules. On y voit, par exemple, en *a*, les piliers dont nous avons parlé. Ils partent assez minces du bord des cellules et s'attachent par un empâtement au fond de celles du gâteau inférieur. Ces figures sont empruntées à Réaumur.

Cette planche appartient à l'histoire des Polistides.

PLANCHE XI.

Fig. 1. Nid de Polistes gallica vu de face, du côté de l'ouverture des alvéoles.

Fig. 2. Le même nid vu par derrière, du côté du fond des cellules ou alvéoles.

Fig. 3. Nid de la même espèce de Polistes vu de côté, et composé de deux gâteaux superposés. Dans les fig. 2 et 3, *a* est le pédoncule ou pilier qui so tient le nid ; *b* est le second gâteau construit sur le milieu du premier. Ces figures sont empruntées à Réaumur.

Cette planche appartient à l'histoire des Polistides.

PLANCHE XII.

Fig. 1.   Melipona anthidioides, *ouvrière.*
Fig. 1 *a.* Patte postérieure.
Fig. 1 *b.* Aile de devant.
Fig. 2.   Rophites spinosa, *femelle.*
   2 *a.* Patte postérieure.
   2 *b.* Aile de devant
Fig. 3.   Rophites spinosa, *mâle.*
   3 *a.* Anus de Ropites spinosa, *mâle.*
Fig. 4.   Systropha spiralis, *femelle.*
   4 *a.* Patte postérieure.
   4 *b.* Aile de devant.
Fig. 5.   Systropha spiralis, *mâle.*
   5 *a.* Anus de ce mâle.
   5 *b.* Son antenne.

Cette planche sera placée à l'histoire des Méliponites. Les quatre dernières figures appartiennent au second volume.

PLANCHE XIII.

Fig. 1. Allodape humeralis, *femelle.* — 1 *a.* Son aile.—1 *b.* Sa patte postérieure vue en dehors.
Fig. 2. Lestis bombylans, *femelle.* — 2 *a.* Sa patte postérieure. — 2 *b* Sa patte intermédiaire. — Son aile.
Fig. 3. Lestis bombylans, *mâle.*
Fig. 4. Anthidium Florentinum, *femelle.* — 4 *a.* Sa patte postérieure vue en dehors. — 4 *b.* Son aile. — 4 *c.* Son abdomen vu en dessous.
Fig. 5. Antidium Florentinum *mâle.* — 5 *a.* Derniers segments de son abdomen vus en dessous.

PLANCHE XIV.

Fig. 1. Crocisa Nubica. — 1 *a.* Son écusson. —1 *b.* Sa patte intermédiaire. — 1 *c.* Sa patte postérieure. — 1 *d.* — Son aile.

Fig. 2. Cœlioxys ruficauda, *femelle.*—2 *a.* Anus de cette femelle.—2 *b.* Sa patte intermédiaire. — 2 *c.* Son écusson.

Fig. 3. Cœlioxys ruficauda, *mâle.*—3 *a.* Anus de ce mâle.—3 *b.* Son aile.

Fig. 4. Pasites atra, *femelle.* — 4 *a.* Son écusson. — 4 *b.* Sa patte intermédiaire. — 4 *c.* Son aile.

Fig. 5. Ammobates bicolor, *femelle.* — 5 *a.* Sa patte intermédiaire. — 5 *b.* Son écusson.

Fig. 6. Ammobates bicolor, *mâle.* — 6 *a.* Aile de devant.

PLANCHE XV.

Fig. 1. Acanthopus splendidus, *mâle.* — 1 *a.* Son aile. — 1 *b.* Sa patte intermédiaire. — 1 *c.* Sa patte postérieure vue en dehors.

Fig. 2. Colletes hirta, *femelle.* — 2 *a.* Son aile. — 2 *b.* Sa patte postérieure vue en dehors.

Fig. 3. Colletes hirta, *mâle.* — 3 *a.* Son antenne.

Fig. 4. Mesocheira bicolor, *femelle.*—4 *a.* Sa patte postérieure vue en dehors. — 4 *b.* Sa patte intermédiaire. — 4 *c.* Son aile.— 4 *d.* Son écusson.

Fig. 5. Melecta aterrima, *femelle.* — 5 *a.* Sa patte intermédiaire. — 5 *b.* Sa patte postérieure vue en dehors. — 5 *c.* Son écusson. — 5 *d.* Son aile.

PLANCHE XVI.

Fig. 1. Stelis nasuta, *femelle.* — 1 *a.* Sa patte postérieure vue en dehors. — 1 *b.* Son abdomen. — 1 *c.* Son aile.

Fig. 2. Stelis nasuta, *mâle.* — 2 *a.* Anus de ce mâle.

Fig. 3. Melissoda Latreillii, *mâle.* — 3 *b.* Son antenne. — 3 *c.* Son aile.— 3 *a.* Sa patte intermédiaire.

Fig. 4. Prosopis signata, *femelle.* — 4 *a.* Son aile. — 4 *b.* Sa tête. — 4 *c.* Sa patte postérieure vue en dessous. — 4 *d.* Sa patte intermédiaire.

Fig. 5. Prosopis signata, *mâle.* — 5 *a.* Tête de ce mâle.

PLANCHE XVII.

Fig. 1. Xylocopa violacea, *femelle.* — 1 *a.* Sa patte postérieure.

Fig. 2. Xylocopa violacea, *mâle.*—2 *a.* Sa patte postérieure.—2 *b.* Hanche et trochanter de cette patte. — 2 *c.* Aile des Xylocopa. — 2 *d.* Tête du mâle.

Fig. 3. Xylocopa æstuans, *femelle.*

Fig. 4. Xylocopa æstuans, *mâle.*

Fig. 5. Epeolus variegatus, *femelle.* — 5 *a.* Patte postérieure femelle vue en dedans. — 5 *d.* La même vue en dehors. — 5 *b.* Tête. — 5 *c.* Aile des Epeolus.

PLANCHE XVIII.

Fig. 1. Beaucoup plus petite que nature. Morceau de bois détérioré, fendu et laissant voir des tubes creusés par le *Xylocopa violacea.* Ses tubes séparés en cellules, dont les unes représentées avec l'approvisionnement, et les autres vides. — 1 *a.* Couvercle qui sépare les cellules. — 1 *b.* Un des tubes vides, encore plus petit que nature.

Fig. 2. Nid entier de *Chalicodoma muraria.* — 2 *a.* Ouverture faite par
l'un des individus devenus parfaits dans ce nid. — 2 *b.* Cellules
de la base de ce nid, construites contre un mur. — 2 *c.* Une de
ces cellules non encore terminée et restée ouverte pour recevoir
l'approvisionnement de pollen et de miel.

PLANCHE XIX.

Fig. 1. Ceratina albilabris, *femelle.* — 1 *a.* Sa patte postérieure en des-
sus. — 1 *b.* La même vue en dessous. — 1 *c.* Aile de la même.
Fig. 2. Ceratina albilabris, *mâle.*
Fig. 3. Panurgus dentipes, *femelle.* — 3 *a.* Sa patte postérieure en dessus.
— 3 *b.* La même vue en dessous. — 3 *c.* Aile de la même.
Fig. 4. Panurgus dentipes, *mâle.* — 4 *a.* Sa patte postérieure en dessous.
Fig. 5. Xylocopa Carolina, *mâle.* — 5 *a.* Sa patte vue en dessus. — 5 *b.* Aile
de la même.
Fig. 6. Xylocopa Carolina, *femelle.* — 6 *a.* La tête de ce mâle vue en devant
pour montrer le rapprochement des yeux.

PLANCHE XX.

Fig. 1. Centris denudans, *femelle.* — 1 *a.* Sa patte postérieure vue en
dessus. — 1 *b.* Aile de la même.
Fig. 2. Centris derasa, *femelle.*
Fig. 3. Chalicodoma Sicula, *femelle.*
Fig. 4. Osmia Tunensis, *femelle.* — 4 *a.* Son aile. — 4 *b.* Son nid dans une
coquille. — Son abdomen en dessus.
Fig. 5. Chelostoma culmorum, *femelle.* — 5 *a.* Tête vue de profil pour
montrer le prolongement du labre.
Fig. 6. Chelostoma culmorum, *mâle.* — 6 *a.* Dessous de l'abdomen du
mâle.

PLANCHE XXI.

Fig. 1. Cellules membraneuses construites et approvisionnées par les *Colletes.*
Fig. 2. Cellule construite en pétales de coquelicot par l'*Anthocopa papaveris.*
Fig. 3. *Megachile centuncularis* coupant un des morceaux de feuilles de
rosier dont son nid est construit. — 3 *a.* Feuilles de rosier ayant
fourni plusieurs morceaux de diverses formes. — 3 *b* et 3 *c.*
Tuyaux composés de plusieurs cellules, faits de ces morceaux
de feuilles.

PLANCHE XXII.

Fig. 1. Dasipoda hirtipes, *femelle.* — 1 *a.* Abdomen de cette femelle. —
1 *b.* Sa patte postérieure en dessous. — 1 *c.* La même en dessus.
— 1 *d.* Aile de devant.
Fig. 2. Dasypoda hirtipes, *mâle.* — 2 *a.* Abdomen de ce mâle.
Fig. 3. Andrena collaris, *femelle.* — 3 *a.* Sa patte postérieure vue en des-
sous. — 3 *b.* La même en dessus. — 3 *c.* Aile de devant.
Fig. 4. Andrena collaris, *mâle.*
Fig. 5. Halictus cinctus, *femelle.* — 5 *a.* Sa patte postérieure en dessus. —

5 *b*. La même en dessous. — 5 *c*. Tête de la femelle. — 5 *d*. Aile
de devant. — 5 *e*. Bout de l'abdomen.

Fig. 6. Halictus cinctus, *mâle*. — 6 *a*. Tête de ce mâle.

PLANCHE XXIII.

Fig. 1. Meliturga clavicornis, *femelle*. — 1 *a*. Sa patte postérieure en
dessus. — 1 *b*. Antenne de la femelle. — 1 *c*. Antenne du mâle.
— 1 *d*. Aile de devant.

Fig. 2. Anthophora acervorum, *femelle*. — 2 *a*. Sa patte postérieure. —
2 *b*. Aile de devant.

Fig. 3. Anthophora acervorum, *mâle*. — 3 *a*. Sa patte postérieure. — 3 *b*.
Sa patte intermédiaire.

Fig. 4. Anthophora hispanica (plus petit que nature). — 4 *a*. Son aile. —
4 *b*. Sa patte postérieure.

PLANCHE XXIV.

Fig. 1. Sphecodes gibbus, *femelle*. — 1 *a*. Sa patte postérieure vue en
dessous. — 1 *b*. La même en dessus. — 1 *c*. Antenne de la femelle. — 1 *d*. Aile de devant.

Fig. 2. Sphecodes gibbus, *mâle*. — 2 *a*. Antenne du mâle.

Fig. 3. Nomada varia, *femelle*. — 3 *a*. Sa patte postérieure vue dessus. —
3 *b*. La même vue en dessous. — 3 *c*. Aile de devant.

Fig. 4. Nomada varia, *mâle*.

Fig. 5. Prosopis signata, *femelle*. — 5 *a*. Sa tête vue de face. — 5 *b*. Tête
du mâle. — 5 *c*. Patte postérieure vue en dessus. — 5 *d*. La même
vue en dessous.

PLANCHE XXV.

Fig. 1. Cerceris capito, *femelle*. — 1 *bis*. Son aile.

Fig. 2. Philanthus Abdelcader, *femelle*. — 2 *bis*. Son aile.

Fig. 3. Psen atratus, *femelle*. — 3 *bis*. Son aile.

Fig. 4. Nysson Dufourii, *mâle*. — 4 *bis*. Son aile.

Fig. 5. Hoplisus quinque-cinctus, *mâle*. — 5 *bis*. Son antenne.

Fig. 6. Euspongus laticinctus, *mâle*. — 6 *bis*. Son tarse postérieur.

Fig. 7. Arpactus Carceli, *mâle*. — 7 *bis*. Son antenne. — 7 *ter*. Son
aile.

Fig. 8. Gorytes mystaceus, *femelle*.

PLANCHE XXVI.

Fig. 1. Alyson lunicornis, *mâle*. — 1 *bis*. Son aile. — 1 *ter*. Bout de l'antenne.

Fig. 2. Cemonus unicolor, *femelle*. — 2 *bis*. Son aile.

Fig. 3. Pemphredon oraniense, *femelle*. — 3 *bis*. Son aile.

Fig. 4. Stygmus pendulus, *mâle*. — 4 *bis*. Son aile.

Fig. 5. Crabro comptus, *mâle*. — 5 *bis*. Son antenne.

Fig. 6. Blepharipus mediatus, *mâle*. — 6 *bis*. Son antenne.

Fig. 7. Thyreopus clypeatus, *mâle*. — 7 *bis*. Son antenne.

Fig. 8. Crossocerus subpunctatus. — 8 *bis*. Son aile.

PLANCHE XXVII.

Fig. 1. Nitela Spinolæ, *femelle.* — 1 *bis.* Son aile.
Fig. 2. Oxybelus bellicosus, *mâle.* — 2 *bis.* Son aile.
Fig. 3. Trypoxylon albitarse, *femelle.* — 3 *bis.* Son aile.
Fig. 4. Palarus flavipes, *mâle.* — 4 *bis.* Son aile.
Fig. 5. Dinotus pictus, *mâle.* — 5 *bis.* Son aile.
Fig. 6. Miscophus bicolor. — 6 *bis.* Son aile.

PLANCHE XXVIII.

Fig. 1. Tachytes oraniensis, *femelle.* — 1 *bis.* Son aile.
Fig. 2. Astata boops, *mâle.* — 2 *bis.* Son aile.
Fig. 3. Bombex rostrata, *mâle.* — 3 *bis.* Son aile.
Fig. 4. Monedula Carolina, *femelle.* — 4 *bis.* Son aile.
Fig. 5. Hogardia rufescens, *femelle.* — 5 *bis.* Son aile.

PLANCHE XXIX.

Fig. 1. Stizus rufipes, *femelle.* — 1 *bis.* Son aile.
Fig. 2. Pelopœus pensilis, *femelle.* — 2 *bis.* Son aile.
Fig. 3. Podium goryanum, *f melle.* — 3 *bis.* Son aile.
Fig. 4. Ampulex compressus, *femelle.* — 4 *bis.* Son aile.
Fig. 5. Dolichurus bicolor, *femelle.* — 5 *bis.* Son aile.
Fig. 6. Chlorion viridi-æneum, *femelle.* — 6 *bis.* Son aile.

PLANCHE XXX.

Fig. 1. Pronœus maxillosus, *femelle.* — 1 *bis.* Son aile.
Fig. 2. Ammophila argentata, *femelle.* — 2 *bis.* Son aile.
Fig. 3. Sphex afra, *femelle.* — 3 *bis.* Son aile.
Fig. 4. Ammophila armata, *mâle.* — 4 *bis.* Sa face vue un peu sur le
        côté.
Fig. 5. Miscus campestris, *femelle.* — 5 *bis.* Son aile.

PLANCHE XXXI.

Fig. 1. Coloptera barbara. — 1 *bis.* Son aile.
Fig. 2. Aporus unicolor. — 2 *bis.* Son aile.
Fig. 3. Eragetes bicolor. — 3 *bis.* Son aile.
Fig. 4. Salius bicolor. — 4 *bis.* Dessus du corselet.
Fig. 5. Salius punctatus. — 5 *bis.* Dessus du corselet.

PLANCHE XXXII.

Fig. 1. Micropterix brevipennis, *femelle.* — 1 *bis.* Son aile.
Fig. 2. Calicurgus lutepennis, *mâle.* — 2 *bis.* Son aile.
Fig. 3. Pompilus albonotatus, *mâle.* — 3 *bis.* Son aile.
Fig. 4. Anoplius variegatus, *femelle.* — 4 *bis.* Son aile.
Fig. 5. Macromeris splendida, *mâle.* — 5 *bis.* Son aile.

PLANCHE XXXIII.

Fig. 1. Ferreola Algira, *femelle.* — 1 *bis.* Son aile.
Fig. 2. Ceropales variegata. — 2 *bis.* Son aile.

Fig. 3. Pepsis elongata, *femelle.* — 3 *bis.* Son aile.
Fig. 4. Pallosoma barbara, *femelle.* — 4 *bis.* Son aile.
Fig. 5. Pallosoma barbara, *mâle.* — 5 *bis.* Son antenne.

PLANCHE XXXIV.

Fig. 1. Scolia aureipennis, *femelle.* — 1 *bis.* Son aile.
Fig. 2. Scolia erythrocephala, *mâle.* — 2 *bis.* Son aile.
Fig. 3. Campsomeris lucida. — 3 *bis.* Son aile.
Fig. 4. Colpa aurea, *femelle.* — 4 *bis.* Son aile.
Fig. 5. Colpa aurea, *mâle.* — 5 *bis.* Son antenne.

PLANCHE XXXV.

Fig. 1. Tiphia capensis, *femelle.* — 1 *bis.* Son aile.
Fig. 2. Tiphia villosa, *femelle.* — 2 *bis.* Son aile.
Fig. 3. Meria tripunctata, *mâle.* — 3 *bis.* Son aile.
Fig. 4. Sapyga prisma, *femelle.* — 4 *bis.* Son aile.
Fig. 5. Sapyga prisma, *mâle.* — 5 *bis.* Son antenne.
Fig. 6. Thynnus Westwoodii, *mâle.* — 6 *bis.* Son aile.

PLANCHE XXXVI.

Fig. 1. Elaproptera Servilii, *mâle.* — 1 *bis.* Son aile.
Fig. 2. Methoca ichneumonoides, *mâle.* — 2 *bis.* Son aile.
Fig. 3. Plesia namea, *femelle.* — 3 *bis.* Ailes de la Plesia fuliginosa.
Fig. 4. Myrmosa melanocephala, *femelle.* — 4 *bis.* Dos de son cor-
    selet.
Fig. 5. Myrmosa atra, *mâle.* — 5 *bis.* Son aile.
Fig. 6. Mutilla maura, *femelle.*
Fig. 7. Mutilla maura, *mâle.* — 7 *bis.* Son aile.
Fig. 8. Mutilla occidentalis, *mâle.* — 8 *bis.* Son aile.

PLANCHE XXXVII.

Fig. 1. Parnopes carnea. — 1 *a.* Aile de devant. — 1 *b.* Antenne. — 1*c.*
    Patte de devant.
Fig. 2. Cleptes semi-aurata. — 2 *a.* Aile de devant. — 2 *b.* Antenne.
Fig. 3. Stilbum calens. — 3 *a.* Aile de devant. — 3 *b.* Profil du corps.
Fig. 4. Euchæus purpuratus. — 4 *a.* Aile de devant.
Fig. 5. Hedychrum lucidulum. — 5 *a.* Aile de devant.
Fig. 6. Chrysis ignita. — 6 *a.* Aile de devant.

PLANCHE XXXVIII.

Fig. 1. Leucospis gigas, *mâle.* — 1 *a.* Antenne.
Fig. 2. Leucospis gigas, *femelle.*
Fig. 3. Chalcis (*Smicra*) clavipes.
Fig. 4. Conura bicolor.
Fig. 5. Chirocerus furcatus, *mâle*, vu de profil. — 5 *a.* Le même vu sur
    le dos. — 5 *b.* Antenne.
Fig. 6. Galearia violacea, *femelle*, vu de profil. — 6 *a.* Le même vu sur
    le dos. — 6 *b.* Antenne.

PLANCHE XXXIX.

Fig. 1. Psilogaster pallipes, *mâle.* — 1 *a.* Antenne.
Fig. 2.   *Ibid.*   *femelle.* — 2 *a.* Antenne.

Fig. 3. Perilampus cyaneus. — 3 *a*. Le même, vu de profil. — 3 *b*. Antenne.

Fig. 4. Proctotrupes rufipes. — 4 *a*. Antenne.

Fig. 5. Cynips gallarum. — 5 *a*. Antenne. — 5 *b*. Aile de devant.

Fig. 6. Oryssus coronatus, *mâle*. — 6 *a*. Antenne (à laquelle manque le dernier article). — 6 *b*. Aile de devant.

PLANCHE XL.

Fig. 1. Rhyssa atrata, *femelle*. — 4 *a*. Abdomen vu de trois quarts.

Fig. 2. Rhyssa levigata, *mâle*.

Fig. 3. Mesostenus variegatus, *femelle*. — 3 *a*. Abdomen vu de profil.

Fig. 4. Anomalon flavicorne. — 4 *a*. Abdomen de profil. — 4 *b*. Aile de devant.

Fig. 5. Megischus annulator, *femelle*. — 5 *a*. Abdomen de profil.

PLANCHE XLI.

Fig. 1. Hemigaster fasciatus, *femelle*. — 1 *a*. Aile de devant.

Fig. 2. Westwoodia ruficeps. — 2 *a*. Aile de devant. — 2 *b*. Abdomen de profil.

Fig. 3. Cryptus formosus, *femelle*. — 3 *a*. Abdomen de profil.

Fig. 4. Macrogaster rufipennis, *femelle*. — 4 *a*. Aile de devant.

Fig. 5. Christolia punctata.

Fig. 6. Cryptanura nigripes.

PLANCHE XLII.

Fig. 1. Ischnoceros dimidiatus, *femelle*. — 1 *a*. Aile de devant.

Fig. 2. Atractodes albitarsis. — 2 *a*. Aile de devant. — 2 *b*. Aréole grossie.

Fig. 3. Thyreodon cyaneus, *femelle*. — 3 *a*. Aile de devant. — 3 *b*. Abdomen de profil.

Fig. 4. Macrus rufiventris. — 4 *a*. Aile de devant.

Fig. 5. Ophiopterus coarctatus, *femelle*.

Fig. 6. Podogaster coarctatus, *femelle*. — 6 *a*. Aile de devant.

PLANCHE XLIII.

Fig. 1. Joppa antennata, *femelle*. — 1 *a*. Antenne.

Fig. 2. Trogus exesorius. — 2 *a*. Aile de devant. — 2 *b*. Une portion d'antenne.

Fig. 3. Bracon bicolor, *femelle*. — 3 *a*. Aile de devant.

Fig. 4. Megalyra fascipennis, *femelle*.

Fig. 5. Pelecinus polycerator, *femelle*.

PLANCHE XLIV.

Fig. 1. Evania appendigaster, vu de profil.

Fig. 2. Agathis desertor, *mâle*.

Fig. 3. Fornicia clathrata.

Fig. 4. Sigalphus (*Rhitigaster*) irrorator, vu de profil.

Fig. 5. Chelonus oculatus.

Fig. 6. Myosoma hirtipes, vu de profil.

PLANCHE XLV.

Fig. 1. Sirex (*Urocerus*), Edwardsii, *femelle*. — 1 *a*. Aile du *S. gigas*. — 1 *b*. Antenne du même. — 1 *c*. Patte postérieure du *S. juvencus* mâle.

Fig. 2. Tremex Servillei, *femelle.* — 2 *a.* Aile de devant.— 2 *b.* Antenne.
Fig. 3. Xiphidria fasciata, *femelle.* — 3 *a.* Aile de devant. — 3 *b.* Antenne.
Fig. 4. Cephus abdominalis. — 4 *a.* Aile de devant. — 4 *b.* Antenne.
Fig. 5. Lyda fausta. — 5 *a.* Aile de devant.— 5 *b.* Antenne.
Fig. 6. Tarpa Olivieri. — 6 *a.* Aile de devant. — 6 *b.* Antenne du
   T. Panzeri.

PLANCHE XLVI.

Fig. 1. Pterygophorus bifasciatus, *femelle.* — 1 *a.* Aile de devant — 1 *b.*
   Antenne.
Fig. 2. Perreyia lepida. — 2 *a.* Aile de devant. — 2 *b.* Antenne.
Fig. 3. Lophyrus pini, *mâle.* — 3 *a.* Antenne.
Fig. 4. Ibid., *femelle.* — 4 *a.* Aile de devant. — 4 *b.* Antenne.
Fig. 5. Dictynna Westwoodii. — 5 *a.* Aile de devant. — 5 *b.* Antenne.
Fig. 6. Athalia Blanchardii. — 6 *a.* Aile de devant. — 6 *b.* Antenne.
Fig. 7. Cladius Morio, *femelle.* — 7 *a.* Aile de devant. — 7 *b.* Antenne du
   C. difformis, *mâle.* — 7 *c.* Ibid. du *C. rufipes*, *mâle.*
Fig. 8. Waldheimia Orbignyana. — 8 *a.* Aile de devant.— 8 *b.* Antenne.

PLANCHE XLVII.

Fig. 1. Dolerus dimidiatus, *mâle* — 1 *a.* Aile de devant.— 1 *b.* Antenne.
Fig. 2. Dolorus dimidiatus, *femelle.*
Fig. 3. Empria (*Emphytus*) pallimacula. — 3 *a.* Aile de devant. — 3 *b.*
   Antenne.
Fig. 4. Schizocerus obscurus, *femelle.* — 4 *a.* Aile de devant. — 4 *b.*
   Antenne.
Fig. 5. Sericocera Spinolæ. — 5 *a.* Aile de devant.— 5 *b.* Antenne. — 5 *c.*
   Aile antérieure d'une espèce semblable pour les couleurs, mais
   fort différente quant à la disposition des nervures des ailes.
Fig. 6. Pachylota Audouini. — 6 *a.* Aile de devant.— 6 *b.* Antenne.— 6 *c.*
   Patte postérieure.
Fig. 7. Hylotoma janthina. — 7 *a.* Aile de devant. — 7 *b.* Antenne du
   mâle. — 7 *c.* Antenne de la femelle.
Fig. 8. Didymia Martini, *mâle.* — 8 *a.* Aile de devant.— 8 *b.* Antenne du
   mâle. — 8 *c.* Antenne de la femelle.

PLANCHE XLVIII.

Fig. 1. Perga scutellata. — 1 *a.* Antenne.
Fig. 2. Sizygonia cyanocephala (par erreur *cyanea* sur la planche). —
   2 *a.* Aile de devant. — 2 *b.* Antenne.
Fig. 3. Plagiocera Klugii. — 3 *a.* Aile de devant. — 3 *b.* Antenne.
Fig. 4. Pachylosticta albiventris. — 4 *a.* Aile de devant. — 4 *b.* Antenne.
Fig. 5. Amasis læta. — 5 *a.* Aile de devant. — 5 *b.* Antenne.
Fig. 6. Cimbex Kirbyi. — 6 *a.* Aile de devant. — 6 *b.* Antenne.

FIN DE L'EXPLICATION DES PLANCHES.

EXPLICATION DES PLANCHES

DE LA PREMIÈRE LIVRAISON

DES INSECTES HYMÉNOPTÈRES.

PLANCHE PREMIÈRE.

Fig. 1. Aile sur-complète, en ce que la partie caractéristique a deux cellules radiales.

Fig. 2. La même aile que celle de la fig. 1re, divisée dans cette fig. 2 en quatre parties espacées entre elles, mais placées en situation.

La première de ces parties contient les cellules 1, 2, 3, 4, (*cellules brachiales*); elle s'attache au corselet par la portion où aboutissent les lignes ponctuées *b*, *c*, *d*, *e*, *f*. Cette première partie s'appelle *partie brachiale*.

> 1. Première cellule, (espace membraneux renfermé entre des nervures), brachiale.
> 2. Deuxième cellule brachiale.
> 3. Troisième cellule brachiale.
> 4. Quatrième cellule brachiale.
> *b*. Nervure, appelée *radius supérieur*, occupant une partie du bord extérieur de l'aile, de la base au point épais.
> *c*. *Cubitus supérieur*, nervure qui sépare la première cellule brachiale de la deuxième.
> *d*. Première *nervure intermédiaire* : la troisième des nervures brachiales, séparant la deuxième cellule brachiale de la troisième.
> *e*. Deuxième nervure intermédiaire : la quatrième des nervures brachiales, séparant la troisième cellule brachiale de la quatrième.
> *f*. Bord intérieur de l'aile, bornant la quatrième cellule brachiale.

La deuxième partie de l'aile contient : 1° le point épais *a*, portion de l'aile située sur le bord extérieur, un peu passé son milieu, épaisse, et le plus souvent opaque; 2° la cellule ou les cellules radiales, (il peut y avoir trois cellules radiales, comme dans le genre *Xyéla*); 3° la cellule ou les cellules cubitales. Cette deuxième portion de l'aile s'appelle *partie caractéristique*, à cause des nombreux caractères que le système alaire doit en tirer.

5. Première *cellule radiale*.

5 *bis*. Deuxième cellule radiale.

6. Première *cellule cubitale*.

6 *bis*. Deuxième cellule cubitale.

6 *ter*. Troisième cellule cubitale.

6 *quater*. Quatrième cellule cubitale.

a. Point épais.

b bis. *Radius inférieur*. Cette nervure sépare la cellule radiale, (ou les cellules radiales quand il y en a plusieurs), de la cellule cubitale, (ou des cellules cubitales quand il y en a plusieurs). Elle va rejoindre le bord extérieur de l'aile *g*.

c bis. *Cubitus inférieur*. Cette nervure sépare la cellule cubitale, (ou les cellules cubitales quand il y en a plusieurs), de la troisième partie de l'aile ou disque, et de la quatrième ou limbe.

g. Nervure fermant la partie inférieure du bord extérieur de l'aile.

La troisième partie contient les cellules discoïdales. Cette portion s'appelle *disque* ou *partie discoïdale*, parce qu'elle occupe le milieu de l'aile.

7. Première *cellule discoïdale*.

8. Deuxième cellule discoïdale.

9. Troisième cellule discoïdale.

Nota. Cette partie de l'aile, étant enveloppée par les trois autres, pour éviter la confusion, nous n'avons pas désigné par des lettres et des lignes ponctuées, les nervures lui appartenant qui nous servent dans nos caractères alaires; nous remarquerons seulement que : 1° le cubitus inférieur sépare de la partie caractéristique les première et deuxième cellules discoïdales; 2° la nervure d'intersection des première et troisième discoïdales, (c'est-à-dire qui les sépare l'une de l'autre), est la *première nervure récurrente* ; et la nervure d'intersection de la troisième discoïdale et du limbe, (ou quatrième partie de l'aile), est la *deuxième nervure récurrente* : ces désignations de situation nous paraissent suffire pour les faire distinguer.

La quatrième partie de l'aile contient les *cellules du limbe*. Cette portion s'appelle *limbe*, et est ordinairement séparée de la partie caractéristique par le cubitus inférieur, et de la troisième cellule discoïdale par la deuxième nervure récurrente. Son bord extérieur est le bord postérieur de l'aile.

10. Première cellule du limbe.

11. Deuxième cellule du limbe.

Nota. Dans la fig. 2, où les quatre parties de l'aile sont séparées et espacées entre elles, nous avons considéré les nervures qui bornent ces portions, comme se divisant par moitié longitudinalement, de manière que chacune des moitiés longitudinales de ces nervures appartînt aux portions de l'aile qu'elles renferment.

Fig. 3. Aile complète : quatre cellules brachiales sous les n°ˢ 1, 2, 3 et 4; le point épais *a*; une cellule radiale, 5; trois cellules cubitales sous les n°ˢ 6, 6 *bis*, 6 *ter*, (sans rendre l'aile sur-complète, il pourrait y avoir une quatrième cellule cubitale qui serait 6 *quater*, comme dans la fig. 1); trois cellules discoïdales sous les n°ˢ 7, 8, 9; deux cellules du limbe sous les n°ˢ 10 et 11.

Nota. Les ailes des fig. 1 et 2 ne sont sur-complètes que parce qu'il y a deux cellules radiales au lieu d'une seule.

Fig. 4. Aile incomplète. Dans cette figure, les mêmes n°ˢ désignent les mêmes cellules, et les lettres les mêmes nervures que dans les trois précédentes. Cette aile n'est incomplète que parce que la cellule n° 7, (première cellule discoïdale), manque, c'est-à-dire est confondue avec la cellule n° 6, (première cellule cubitale), n'en étant pas séparée par une nervure. On doit remarquer dans cette aile, 1° que la première cellule brachiale, sous le n° 1, est divisée en deux par une nervure presque transversale, ce qui arrive dans quelques genres : 2° que la quatrième cellule brachiale, sous le n° 4, est également divisée par quelques nervures obliques, qui se retrouvent dans plusieurs genres, en plus ou moins grand nombre; 3° que la nervure *c* bis ou cubitus inférieur est oblitérée à sa partie supérieure, ce qui occasionne réunion des espaces qui forment, dans les fig. 1, 2 et

3, les cellules 6 (première cubitale) et 7 (première discoïdale), et par conséquent confusion de cette dernière avec la première : 4° la nervure *b bis* ou radius inférieur, émet, vers son bout postérieur, une petite branche qui se dirige vers le bout de l'aile et forme un commencement de petite cellule au bout de la radiale n° 5; cette petite cellule s'appelle appendice de la radiale : ici il est incomplet, parce que la branche du radius inférieur, qui le forme, n'atteint pas la nervure *g*, qui ferme la partie inférieure du bord extérieur de l'aile : il serait dit complet si cette branche atteignait ce bord : 5° dans cette même aile la cellule n° 11, ou deuxième cellule du disque, est incomplète, parce que la nervure, qui devrait la séparer de la première cellule de cette partie de l'aile portant le n° 10, n'atteint pas le bord postérieur de l'aile dans la figure que nous expliquons. Il n'y a point d'appendice dans les ailes des fig. 1, 2 et 3, parce que le radius inférieur n'émet pas de branche.

Fig. 5. Aile la plus incomplète de celles que je connais. On n'y distingue, outre les bords que le point épais *a*, un peu pédiculé, c'est-à-dire porté par une petite nervure. (Ordinairement le point épais est sessile sur le bord extérieur, comme dans les fig. 1, 2, 3 et 4.) Cette petite nervure, par le point où elle part du bord extérieur au bout du radius supérieur, doit être considérée comme un commencement de radius inférieur. Par sa position au-dessous du radius inférieur et du point épais, la cellule commencée 5 est la cellule radiale. Aucune cellule n'étant séparée de celle-ci par des nervures, nous dirons que la cellule radiale existe seule, et que toutes les autres cellules sont confondues avec elles dans l'aile représentée fig. 5.

Cette Planche première doit être mise en tête du système alaire, p. 46.

PLANCHE II.

Fig. 1. Formica liguiperda ♀.

Fig. 2. Formica liguiperda ☿.
 2ᵃ. Mandibule de cette Formica.
 2ᵇ. Son abdomen vu de côté. On voit par ce moyen que le premier segment de cet abdomen est très-étroit, et ne tient au second segment que par un

pédicule mince et court. Sa forme est celle d'une lame ou écaille. Les pédicules qui l'unissent au métathorax et au second segment sont à sa partie inférieure.

2ᵉ. Aile de cette Formica. Dans cette aile, la première cellule discoïdale n'est pas fermée, et la troisième discoïdale, ainsi que la première cellule du limbe, sont confondues avec elle.

Fig. 3. Myrmica rubra ♂.

3ᵃ. Mandibule de cette Myrmica.

3ᵇ. Son abdomen vu de côté. Dans cet abdomen, le premier segment se compose de deux nœuds, séparés par un rétrécissement : le premier de ces nœuds est un peu en massue, dont la partie mince est du côté du métathorax.

3ᵉ. Aile de cette Myrmica.

Ces figures appartiennent à l'histoire des Hétérogynides.

Fig. 4. Apis mellifica ♀.

4ᵃ. Patte de cette ♀ vue en dehors.

Fig. 5. Apis mellifica ♀.

5ᵃ. Patte de cette ouvrière vue en dehors.

5ᵇ. Aile de l'Apis mellifera.

Fig. 6. Apis ligustica ♂.

6ᵃ. Patte de ce ♂ vue en dehors.

Ces figures appartiennent à l'histoire des Apiarites

Cette planche doit être placée vis-à-vis la page 231.

PLANCHE III.

Fig. 1. Appareil vitré pour observer les travaux d'une fourmillère. Il se compose d'une table à pieds, dont le dessus reçoit un châssis à cinq pans vitrés, dont le plus étendu fait le fond. Le dessus n'étant point vitré, on recouvre d'une cloche de verre toute l'ouverture. Les Fourmis ne pouvant sortir, il est nécessaire de leur fournir des liqueurs sucrées pour leur nourriture et celle de leurs larves. Ce châssis a été inventé et figuré par M. Huber fils. *Voyez* le texte. Toutes les parties vitrées laissent voir l'architecture intérieure de la fourmillère, et les diverses cases où sont déposées les diverses espèces de larves et de nymphes.

Fig. 2 et 3. Intérieurs d'arbres pourris, creusés par la Formica ligniperda. Les couches ligneuses extérieures, souvent recouvertes de l'écorce, enveloppent ces galeries, ces planchers et ces cloisons que M. Huber a représentés comme en étant dépouillés, pour faire connaître l'industrie en architecture de ces Formica.

Cette planche appartient à l'histoire des Hétérogynides, et doit être placée à la page 98.

PLANCHE IV.

Fig. 1 et 2. Ruches ordinaires en osier. Ces ruches sont d'ordinaire revêtues extérieurement d'un mélange de bouse de vache et de terre grasse délayées ensemble. On en fait aussi de même forme avec des torsins de paille. On voit dans la figure deuxième que l'Apis mellifica ne conserve pas toujours la même direction à tous ses gâteaux.

Fig. 3 et 4. Ruches vitrées, telles que Réaumur les a employées pour voir à travers les carreaux ce qui se passait dans la ruche.

3, *a.* Dans les deux figures, contre-vents de bois qu'on ouvre pour laisser pénétrer dans l'intérieur de la ruche le jour et la vue de l'observateur. Ces ruches peuvent se composer de divers étages superposés et l'on conçoit la possibilité de les séparer en coupant les gâteaux entre eux, soit avec un couteau, soit avec un fil de fer.

Cette planche appartient à l'histoire des Apiarides, et doit être placée à la page 231.

PLANCHE V.

Fig. 1. Portion de gâteau de cire, de l'Apis mellifica.

La face que l'on voit, est composée d'un certain nombre de cellules *b*, ouvertes dans le milieu et vides encore; celles des côtés fermées et pleines, ou de miel réservé pour les provisions d'hiver, ou de nymphes, soit d'ouvrières, soit de mâles. A ce gâteau sont suspendues trois grandes cellules guillochées, destinées à l'éducation des nymphes ♀ qui doivent devenir fécondes. La cellule intermédiaire n'est que commencée, les deux autres ont toute leur longueur. Cette figure et celles de la planche quatrième sont empruntées à Réaumur.

Fig. 2. Ruche en cadres ou feuillets employée par Huber et par moi. Susceptible d'être ouverte, comme on le voit dans cette figure, elle laisse voir dans l'intérieur tout ce que l'observateur peut désirer de constater. Elle peut également se diviser, et chacune de ses parties peut se compléter par des cadres surajoutés.

Fig. 3. La même ruche complète et fermée.
    3ᵃ. L'un des cadres qui composent la ruche, vu de profil.
    b. Dans les figures 3, est le tasseau qui sert à soutenir les gâteaux, que l'on y place d'avance pour diriger le travail des Abeilles dans le sens des cadres ou feuillets.

Cette planche appartient à l'histoire des Apiarides, et doit être placée à la page 231.

PLANCHE VI.

Fig. 1. Bombus subinterruptus ♂.

Fig. 2. Bombus subinterruptus ☿.
    2ᵃ. Aile de ce Bombus.
    2ᵇ. Patte postérieure ♀ vue en dehors.
    2ᶜ. Patte postérieure ☿ vue en dehors.
    2ᵈ. Patte postérieure ♂ vue en dehors.
    2ᵉ. Patte postérieure ♀ vue en dedans.
    2ᶠ. Patte postérieure ☿ vue en dedans.

Fig. 3. Bombus subinterruptus ♀.

Fig. 4. Gâteau de cire, tel qu'il existe dans les nids de Bombus, déjà passablement peuplés. On y voit des cellules elliptiques ; les unes, ouvertes et dépouillées de cire, sont celles où les Bombus, déjà devenus Insectes parfaits, ont subi leurs métamorphoses ; les autres fermées, où des nymphes existent. On y remarque encore des masses irrégulières de cire, dans lesquelles vivent les larves. Souvent des cellules en cire, ouvertes de la même forme que celles qu'offre cette figure, contiennent une petite provision de miel. Cette figure est empruntée à Réaumur.

Cette planche appartient à l'histoire des Bombides et doit y être placée.

PLANCHE VII.

Fig. 1. Bombus lapidarius ♀.
    1*ᵃ*. Sa patte postérieure vue en dehors.
    1*ᵇ*. Sa patte intermédiaire vue en dehors.
Cette figure appartient à l'histoire des Bombides, tom. Iᵉʳ.

Fig. 2. Psithyrus rupestris ♀.
    2ᵃ. Sa patte postérieure vue en dehors.
    2ᵇ. Sa patte intermédiaire vue en dehors.
    2ᶜ. Aile du Psithyrus.
    2ᵈ. Anus de ce Psithyrus ♀

Fig. 3. Euglossa cordata ♀.
    3ₐ. Sa patte postérieure vue en dedans.
    3ᵇ. Aile de l'Euglossa.

Fig. 4. Eulæma dimidiata ♀.
    4ᵃ. Patte postérieure de l'Eulæma.
    4ᵇ. Son aile.
Les trois dernières figures appartiennent au IIᵉ volume.
Cette planche doit être placée à l'histoire des Bombides.

PLANCHE VIII.

Fig. 1. Nid de Bombus commencé : *a* est la porte que se ménagent les Bombus pour y entrer, lorsqu'il sera entièrement couvert de mousse : *d* sont un petit nombre de cellules, la plupart encore closes, renfermant des nymphes ; une seule est ouverte, d'où l'on peut conclure que la Mère-Bombus n'est encore aidée que par une ouvrière : *c* est la voûte intérieure de cire déjà commencée : *b* est la base de la voûte de mousse, non encore achevée, mais qui règne déjà tout autour.

Fig. 2. Le même nid de Bombus achevé : *a* est la porte d'entrée ; *b* est l'enveloppe de mousse achevée, et faisant la voûte au-dessus du nid.
Cette planche doit être placée à l'histoire des Bombides.

PLANCHE IX.

Fig. 1. Vespa crabro ♀.
Fig. 2. Vespa crabro ☿.

Fig. 3. Vespa crabro ♂.

    1ᵃ. Aile ployée de la Vespa crabro, ainsi qu'elle l'est dans le repos, c'est-à-dire quand la Vespa ne vole pas.

    1ᵇ. Aile déployée comme elle l'est dans le vol, ou lorsque la Vespa se prépare à voler.

Fig. 4. Polistes gallica ♀.

Fig. 5. Polistes gallica ♂.

Fig. 6. Polistes gallica ☿.

    4ᵃ. Aile du polistès déployée comme elle l'est dans le vol.

Cette planche doit être placée à l'histoire des Polistides.

PLANCHE X.

Fig. 1. Nid du Vespa vulgaris ; ce nid est toujours construit sous terre. Il est enveloppé de feuilles d'une espèce de papier, et en outre abrité par la terre.

Fig. 2. Ce même nid coupé par son milieu. On voit les gâteaux dont il est composé, et qui n'ont qu'un rang de cellules, dont l'ouverture est tournée par en bas. On voit aussi les piliers qui soutiennent les gâteaux et maintiennent entre eux l'écartement. Le gâteau supérieur est suspendu à la voûte par de semblables piliers. On voit que les lames de l'enveloppe assujetties les unes aux autres par leurs bords, sont cependant distantes les unes des autres et forment des voûtes superposées. Les gâteaux sont de la même matière que l'enveloppe.

Fig. 3. Gâteau détaché, vu en dessous, présentant les ouvertures des cellules.

Fig. 4. Gâteau détaché, vu en dessus, présentant le dessous ou fond des cellules. On y voit, par exemple en *a*, les piliers dont nous avons parlé. Ils partent assez minces du bord des cellules et s'attachent par un empâtement au fond de celles du gâteau inférieur. Ces figures sont empruntées à Réaumur.

Cette planche appartient à l'histoire des Polistides.

PLANCHE XI.

Fig. 1. Nid de la Polistès gallica vu de face, du côté de l'ouverture des alvéoles.

Fig. 2. Le même nid vu par derrière, du côté du fond des cellules ou alvéoles.

Fig. 3. Nid de la même espèce de Polistès vu de côté, et composé de deux gâteaux superposés. Dans les fig. 2 et 3, *a* est le pédoncule ou pilier qui soutient le nid ; *b* est le second gâteau construit sur le milieu du premier. Ces figures sont empruntées à Réaumur.

Cette planche appartient à l'histoire des Polistides.

PLANCHE XII.

Fig. 1. Melipona anthidioides ⚥.
    1. Sa patte postérieure.
    1. Aile de la Melipona.
Cette planche appartient à l'histoire des Méliponites.

Fig. 2. Rophites spinosa ♀.
    2ᵃ. Sa patte postérieure.
    2ᵇ. Aile de la Rophites.

Fig. 3. Rophites spinosa ♂.
    3ᵃ. Anus du Rophites spinosa ♂.

Fig. 4. Systropha spiralis ♀.
    4ᵃ. Sa patte postérieure.
    4ᵇ. Aile du Systropha.

Fig. 5. Systropha spiralis ♂.
    5ᵃ. Anus de ce mâle.
    5ᵇ. Son antenne.
Cette planche sera placée à l'histoire des Méliponites. Les quatre dernières figures appartiennent au second volume.

FIN DE L'EXPLICATION DES PLANCHES.

EXPLICATION DES PLANCHES

DE LA DEUXIÈME LIVRAISON

DES INSECTES HYMÉNOPTÈRES.

PLANCHE XIII.

Fig. 1. Allodape humeralis femelle. — 1ᵃ. Son aile. — 1ᵇ. Sa
patte postérieure vue en dehors.

Fig. 2. Lestis bombylans femelle. — 2ᵃ. Sa patte postérieure. —
2ᵇ. Sa patte intermédiaire. — 2ᶜ. Son aile.

Fig. 3. Lestis bombylans. *Mâle.*

Fig. 4. Antidium Florentinum. — 4ᵃ. Sa patte postérieure vue en
dehors.—4ᵇ. Son aile.—4ᶜ. Son abdomen vu en dessous.

Fig. 5. Antidium Florentinum *mâle.* — 5ᵃ. Derniers segmens de
son abdomen vus en dessous.

PLANCHE XIV.

Fig. 1. Crocisa Nubica. — 1ᵃ. Son écusson. — 1ᵇ. Sa patte intermédiaire. — 1ᶜ. Sa patte postérieure. — 1ᵈ. Son aile.

Fig. 2. Cœlioxys ruficauda femelle. — 2ᵃ. Anus de cette femelle. —
2ᵇ. Sa patte intermédiaire. — 2ᶜ. Son écusson.

Fig. 3. Cœlioxys ruficauda mâle. — 3ᵃ. Anus de ce mâle. —3ᵇ. Son
aile.

Fig. 4. Pasites atra femelle. — 4ᵃ. Son écusson. — 4ᵇ. Sa patte
intermédiaire. — 4ᶜ. Son aile.

Fig. 5. Ammobates bicolor femelle. — 5ᵃ. Sa patte intermédiaire. — 5ᵇ. Son écusson.

Fig. 6. Ammobates bicolor mâle. — 6ᵃ. Aile de l'Ammobates.

PLANCHE XV.

Fig. 1. Acanthopus splendidus mâle. — 1ᵃ. Son aile. — 1ᵇ. Sa
patte intermédiaire. — 6ᶜ. Sa patte postérieure vue en
dehors.

Fig. 2. Colletes hirta femelle. — 2ᵃ. Son aile. — 2ᵇ. Sa patte postérieure vue en dehors.

Fig. 3. Colletes hirta mâle. — 3ᵃ. Son antenne.

Fig. 4. Mesocheira bicolor femelle. — 4ª. Sa patte postérieure vue
en dehors. — 4ᵇ. Sa patte intermédiaire. — 4ᶜ. Son
aile. — 4ᵈ. Son écusson.

Fig. 5. Melecta aterrima. *Femelle.* — 5ª. Sa patte intermédiaire. —
5ᵇ. Sa patte postérieure vue en dehors. — 5ᶜ. Son
écusson. — 5ᵈ. Son aile.

PLANCHE XVIᵉ.

Fig. 1. Stelis nasuta. *Femelle.* — 1ª. Sa patte postérieure nue en
dehors. 1ᵇ. Son abdomen. — 1ᶜ. Son aile.

Fig. 2. Stelis nasuta. *Mâle.* — 2ª. Anus de ce mâle.

Fig. 3. Melissoda Latreillii. *Mâle.* — 3ᵇ. Son antenne. — 3ᶜ. Son
aile. — 3ª Sa patte intermédiaire.

Fig. 4. Prosopis signata femelle. — 4ª. Son aile. — 4ᵇ. Tête de la
Prosopis signata femelle. — 4ᶜ. Sa patte postérieure vue
en dessous. — 4ᵈ. Sa patte intermédiaire.

Fig. 5. Prosopis signata mâle. — 5ª. Tête de ce mâle.

PLANCHE XVIIᵉ.

Fig. 1. Xylocopa violacea femelle. — 1ª. Sa patte postérieure.

Fig. 2. Xylocopa violacea mâle. — 2ª. Sa patte postérieure. —
2ᵇ. Hanche et trochanter de cette patte. — 2ᶜ. Aile des
Xylocopa. — 2ᵈ. Tête du mâle.

Fig. 3. Xylocopa æstuans femelle.

Fig. 4. Xylocopa æstuans mâle.

Fig. 5. Epeolus variegatus femelle. — 5ª Patte postérieure femelle
vue en dedans. — 5ᵈ. La même vue en dehors. —
5ᵇ. Tête. — 5ᶜ. Aile des Epeolus.

PLANCHE XVIIIᵉ.

Fig. 1. Beaucoup plus petite que nature. Morceau de bois détérioré,
fendu et laissant voir des tubes creusés par la Xylocopa
violacea. Ses tubes séparés en cellules, dont les unes représentées avec l'approvisionnement, et les autres vides.
— 1ª. Couvercle qui sépare les cellules. — 1ᵇ. Un des tubes vides encore plus petit que nature.

Fig. 2. Nid entier de la Chalicodoma muraria. — 2ª. Ouverture faite
par l'un des individus devenus parfaits dans ce nid. —
2ᵇ. Cellules de la base de ce nid, construites contre un
mur. — 2ᶜ. Une de ces cellules non encore terminée et

restée ouverte pour recevoir l'approvisionnement de pollen et de miel.

PLANCHE XIXe.

Fig. 1. Ceratina albilabris. *Femelle.* — 1ᵃ. Sa patte postérieure en dessus. — 1ᵇ. La même vue en dessous. — 1ᶜ. Aile de la même.

Fig. 2. Ceratina albilabris. *Mâle.*

Fig. 3. Panurgus dentipes femelle. — 3ᵃ. Sa patte postérieure en dessus. — 3ᵇ. La même vue en dessous. — 3ᶜ. Aile de la même.

Fig. 4. Panurgus dentipes mâle. — 4ᵃ. Sa patte postérieure en dessous.

Fig. 5. Xylocopa Carolina mâle. — 5ᵃ. Sa patte vue en dessus. — 5ᵇ. Aile de la même.

Fig. 6. Xylocopa Carolina femelle. — 6ᵃ. La tête de ce mâle vue en devant pour montrer le rapprochement des yeux.

PLANCHE XXe.

Fig. 1. Centris denudans. *Femelle.* — 1ᵃ. Sa patte postérieure vue en dessus. — 1ᵇ. Aile de la même.

Fig. 2. Centris derasa femelle.

Fig. 3. Chalicodoma Sicula femelle.

Fig. 4. Osmia Tunensis femelle. — 4ᵃ. Son aile. — 4ᵇ. Son nid dans une coquille. — Son abdomen en dessus.

Fig. 5. Chelostoma culmorum femelle. — 5ᵃ. Tête vue de profil pour montrer le prolongement du labre.

Fig. 6. Chelostoma culmorum mâle. — 6ᵃ. Dessous de l'abdomen du mâle.

PLANCHE XXIe.

Fig. 1. Cellules membraneuses construites et approvisionnées par les Colletes.

Fig. 2. Cellule construite de pétales de coquelicot par l'Anthocopa papaveris.

Fig. 3. Megachile centuncularis coupant un des morceaux de feuilles de rosier dont son nid est construit. — 3ᵃ. Feuilles de rosier ayant fourni plusieurs morceaux de diverses formes. — 3ᵇ. et 3ᶜ. Tuyaux composés de plusieurs cellules, faits de ces morceaux de feuilles.

PLANCHE XXIIe.

Fig. 1. Dasypoda hirtipes femelle.—1ᵃ. Abdomen de cette femelle. — 1ᵇ. Sa patte postérieure en dessous. — 1ᶜ. La même en dessus. — 1ᵈ. Aile de la Dasypoda.

Fig. 2. Dasypoda hirtipes mâle. — 2ᵃ. Abdomen de ce mâle.

Fig. 3. Andrena collaris femelle. — 3ᵃ. Sa patte postérieure vue en dessous. — 3ᵇ. La même en dessus. — 3ᶜ. Aile de l'Andrena.

Fig. 4. Andrena collaris mâle.

Fig. 5. Halictus cinctus femelle. — 5ᵃ. Sa patte postérieure en dessus. — 5ᵇ. La même en dessous. — 5ᶜ. Tête de la femelle. — 5ᵈ. Aile de l'Halictus. — 5ᶜ. Bout de l'abdomen.

Fig. 6. Halictus cinctus mâle. — 6ᵃ. Tête de ce mâle.

PLANCHE XXIIIe.

Fig. 1. Méliturga clavicornis. *Femelle.* — 1ᵃ. Sa patte postérieure en dessus. — 1ᵇ. Antenne de la femelle.— 1ᶜ. Antenne du mâle. — 1ᵈ. Aile de la Méliturga.

Fig. 2. Anthophora acervorum femelle. — 2ᵃ. Sa patte postérieure. — 2ᵇ. Aile de l'Anthophora.

Fig. 3. Anthophora acervorum mâle. — 3ᵃ. Sa patte postérieure. — 3ᵇ. Sa patte intermédiaire.

Fig. 4. Anthophora hispanica plus petite que nature. — 4ᵃ. Son aile. — 4ᵇ. Sa patte postérieure.

PLANCHE XXIVe.

Fig. 1. Sphecodes gibbus femelle. — 1ᵃ. Sa patte postérieure vue en dessous. — 1ᵇ. La même en dessus. — 1ᶜ. Antenne de la femelle. — 1ᵈ. Aile du Sphecodes.

Fig. 2. Sphecodes gibbus mâle. — 2ᵃ. Antenne du mâle.

Fig. 3. Nomada varia femelle. — 3ᵃ. Sa patte postérieure vue en dessus. — 3ᵇ. La même vue en dessous. — 3ᶜ. Aile de la nomada.

Fig. 4. Nomada varia mâle.

Fig. 5. Prosopis signata femelle. — 5ᵃ. Sa tête vue de face. — 5ᵇ. Tête du mâle. — 5ᶜ. Patte postérieure vue en dessus. 5ᵈ. La même vue en dessous.

FIN DE L'EXPLICATION DES PLANCHES.

EXPLICATION DES PLANCHES

DE LA TROISIÈME LIVRAISON

DES INSECTES HYMÉNOPTÈRES.

PLANCHE XXVe.

Fig. 1. Cerceris capito. *Femelle.* — 1 *bis.* Son aile.

Fig. 2. Philanthus Abdelcader. *Femelle.* — 2 *bis.* Son aile.

Fig. 3. Pson stratus. *Femelle.* — 3 *bis.* Son aile.

Fig. 4. Nysson Dufourii. *Mâle.* — 4 *bis.* Son aile.

Fig. 5. Hoplisus quinque-cinctus. *Mâle.* — 5 *bis.* Son antenne.

Fig. 6. Euspongus laticinctus. *Mâle.* — 6 *bis.* Son tarse postérieur.

Fig. 7. Arpactus Carceli. *Mâle.* — 7 *bis.* Son antenne. — 7 *ter.* Son aile.

Fig. 8. Gorytes mystaceus. *Femelle.*

PLANCHE XXVIe.

Fig. 1. Alyson lunicornis. *Mâle.* — 1 *bis.* Son aile. — 1 *ter.* Bout de l'antenne.

Fig. 2. Cemonus unicolor. *Femelle.* — 2 *bis.* Son aile.

Fig. 3. Pemphredon oraniense. *Femelle.* — 3 *bis.* Son aile.

Fig. 4. Stygmus pendulus. *Mâle.* — 4 *bis.* Son aile.

Fig. 5. Crabro comptus. *Mâle.* — 5 *bis.* Son antenne.

Fig. 6. Blepharipus mediatus. *Mâle.* — 6 *bis.* Son antenne.

Fig. 7. Thyreopus clypeatus. *Mâle.* — 7 *bis.* Son antenne.

Fig. 8. Crossocerus subpunctatus. — 8 *bis.* Son aile.

PLANCHE XXVIIe.

Fig. 1. Nitela Spinolæ. *Femelle.* — 1 *bis.* Son aile.

Fig. 2. Oxybelus bellicosus. *Mâle.* — 2 *bis.* Son aile.

Fig. 3. Trypoxylon albitarse. *Femelle.* — 3 *bis.* Son aile.
Fig. 4. Palarus flavipes. *Mâle.* — 4 *bis.* Son aile.
Fig. 5. Dinetus pictus. *Mâle.* — 5 *bis.* Son aile.
Fig. 6. Miscophus bicolor. — 6 *bis.* Son aile.

PLANCHE XXVIIIe.

Fig. 1. Tachytes oraniensis. *Femelle.* — 1 *bis.* Son aile.
Fig. 2. Astata boops. *Mâle.* — 2 *bis.* Son aile.
Fig. 3. Bombex rostrata. *Mâle.* — 3 *bis.* Son aile.
Fig. 4. Monedula Carolina. *Femelle.* — 4 *bis.* Son aile.
Fig. 5. Hogardia rufescens. *Femelle.* — 5 *bis.* Son aile.

PLANCHE XXIX*.

Fig. 1. Stizus rufipes. *Femelle.* — 1 *bis.* Son aile.
Fig. 2. Pelopœus pensilis. *Femelle.* — 2 *bis.* Son aile.
Fig. 3. Podium goryanum. *Femelle.* — 3 *bis.* Son aile.
Fig. 4. Ampulex compressus. *Femelle.* — 4 *bis.* Son aile.
Fig. 5. Dolichurus bicolor. *Femelle.* — 5 *bis.* Son aile.
Fig. 6. Chlorion viridi-æneum. *Femelle.* — 6 *bis.* Son aile.

PLANCHE XXX*.

Fig. 1. Pronœus maxillosus. *Femelle.* — 1 *bis.* Son aile.
Fig. 2. Ammophila argentata. *Femelle.* — 2 *bis.* Son aile.
Fig. 3. Sphex afra. *Femelle.* — 3 *bis.* Son aile.
Fig. 4. Ammophila armata. *Mâle.* — 4 *bis.* Sa face vue un peu
       sur le côté.
Fig. 5. Miscus campestris. *Femelle.* — 5 *bis.* Son aile.

PLANCHE XXXIe.

Fig. 1. Coloptera barbara. — 1 *bis.* Son aile.
Fig. 2. Aporus unicolor. — 2 *bis.* Son aile.
Fig. 3. Evagetes bicolor. — 3 *bis.* Son aile.
Fig. 4. Salius bicolor. — 4 *bis.* Dessus du corselet.
Fig. 5. Salius punctatus. — 5 *bis.* Dessus du corselet.

PLANCHE XXXII°.

Fig. 1. Micropterix brevipennis. *Femelle.* — 1 *bis.* Son aile.
Fig. 2. Calicurgus luteipennis. *Mâle.* — 2 *bis.* Son aile.
Fig. 3. Pompilus albonotatus. *Mâle.* — 3 *bis.* Son aile.
Fig. 4. Anoplius variegatus. *Femelle.* — 4 *bis.* Son aile.
Fig. 5. Macromeris splendida. *Mâle.* — 5 *bis.* Son aile.

PLANCHE XXXIII°.

Fig. 1. Ferreola Algira. *Femelle.* — 1 *bis.* Son aile.
Fig. 2. Ceropales variegata. — 2 *bis.* Son aile.
Fig. 3. Pepsis elongata. *Femelle.* — 3 *bis.* Son aile.
Fig. 4. Pallosoma barbara. *Femelle.* — 4 *bis.* Son aile.
Fig. 5. Pallosoma barbara. *Mâle.* — 5 *bis.* Son antenne.

PLANCHE XXXIV°.

Fig. 1. Scolia aureipennis. *Femelle.* — 1 *bis.* Son aile.
Fig. 2. Scolia erythrocephala. *Mâle.* — 2 *bis.* Son aile.
Fig. 3. Campsomeris lucida. — 3 *bis.* Son aile.
Fig. 4. Colpa aurea. *Femelle.* — 4 *bis.* Son aile.
Fig. 5. Colpa aurea. *Mâle.* — 5 *bis.* Son antenne.

PLANCHE XXXV°.

Fig. 1. Tiphia capensis. *Femelle.* — 1 *bis.* Son aile.
Fig. 2. Tiphia villosa. *Femelle.* — 2 *bis.* Son aile.
Fig. 3. Meria tripunctata. *Mâle.* — 3 *bis.* Son aile.
Fig. 4. Sapyga prisma. *Femelle.* — 4 *bis.* Son aile.
Fig. 5. Sapyga prisma. *Mâle.* — 5 *bis.* Son antenne.
Fig. 6. Thynnus Westwodii. *Mâle.* — 6 *bis.* Son aile.

PLANCHE XXXVI°.

Fig. 1. Elaproptera Servilii. *Mâle.* — 1 *bis.* Son aile.
Fig. 2. Methoca ichneumonoides. *Mâle.* — 2 *bis.* Son aile.

Fig. 3. Plesia namea. *Femelle.* — 3 *bis.* Ailes de la Plesia fuliginosa.

Fig. 4. Myrmosa melanocephala. *Femelle.* — 4 *bis.* Dos de son
corselet.

Fig. 5. Myrmosa atra. *Mâle.* — 5 *bis.* Son aile.

Fig. 6. Mutilla maura. *Femelle.*

Fig. 7. Mutilla maura. *Mâle.* — 7 *bis.* Son aile.

Fig. 8. Mutilla occidentalis. *Mâle.* — 8 *bis.* Son aile.

FIN DE L'EXPLICATION DES PLANCHES.

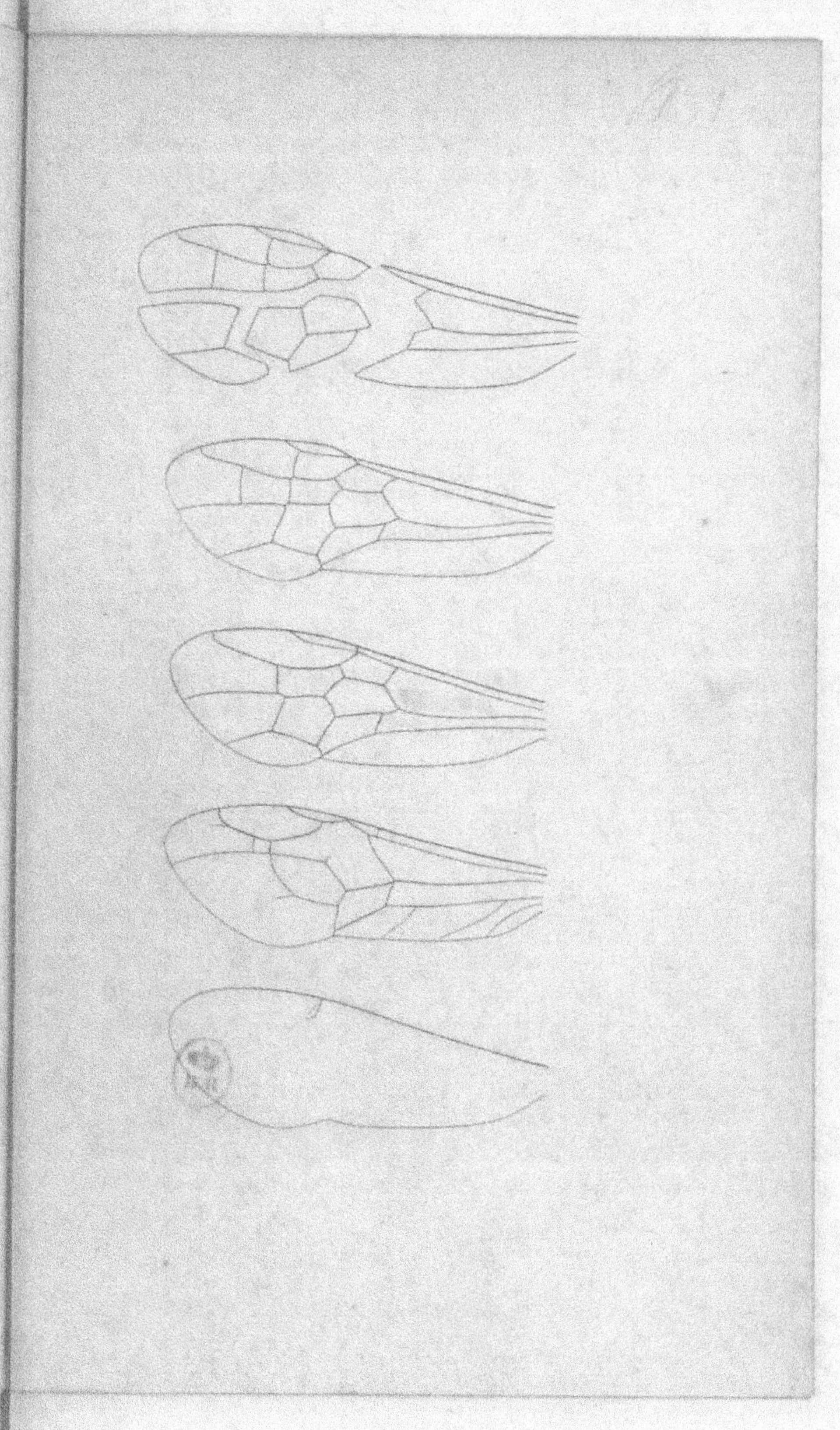

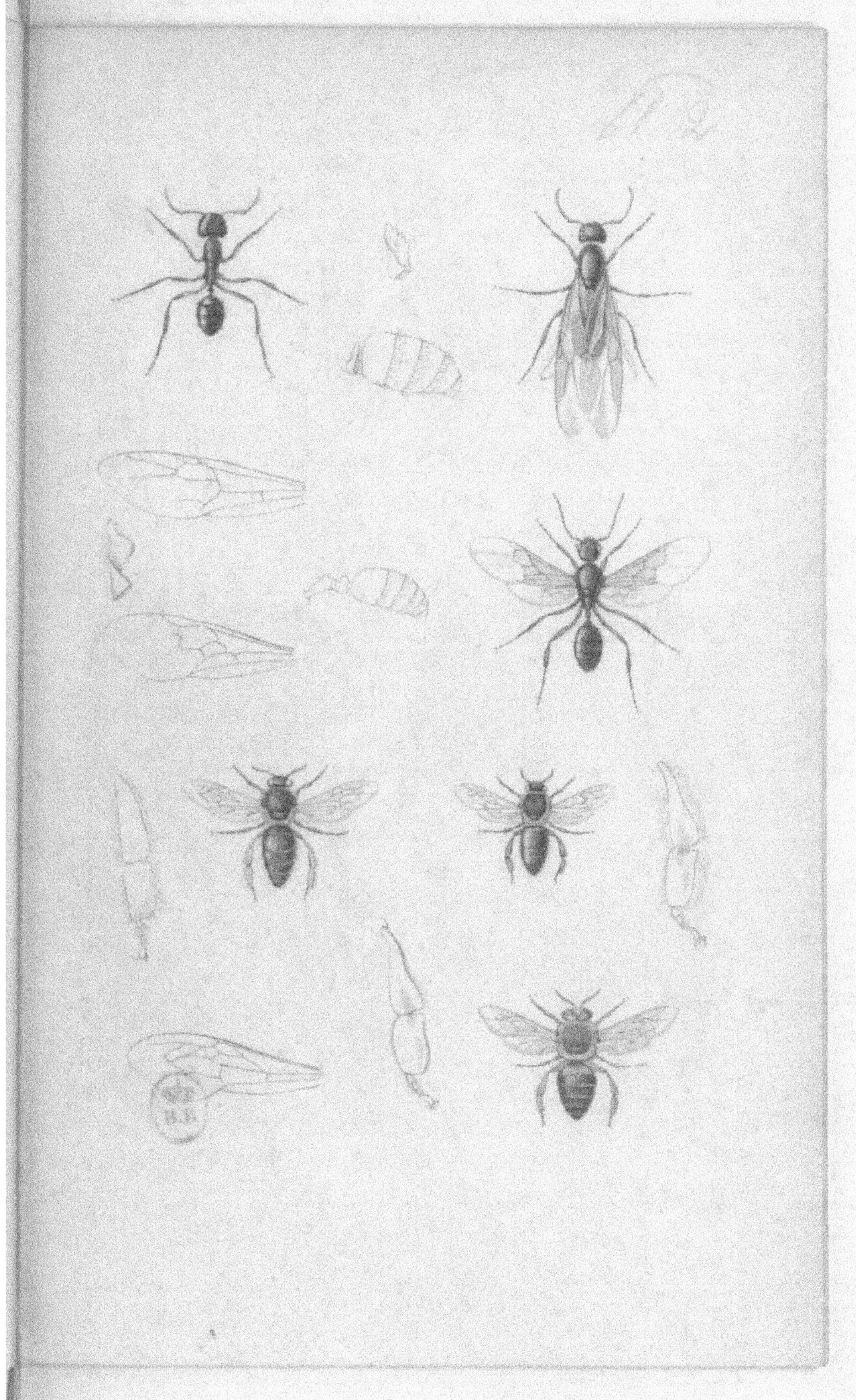

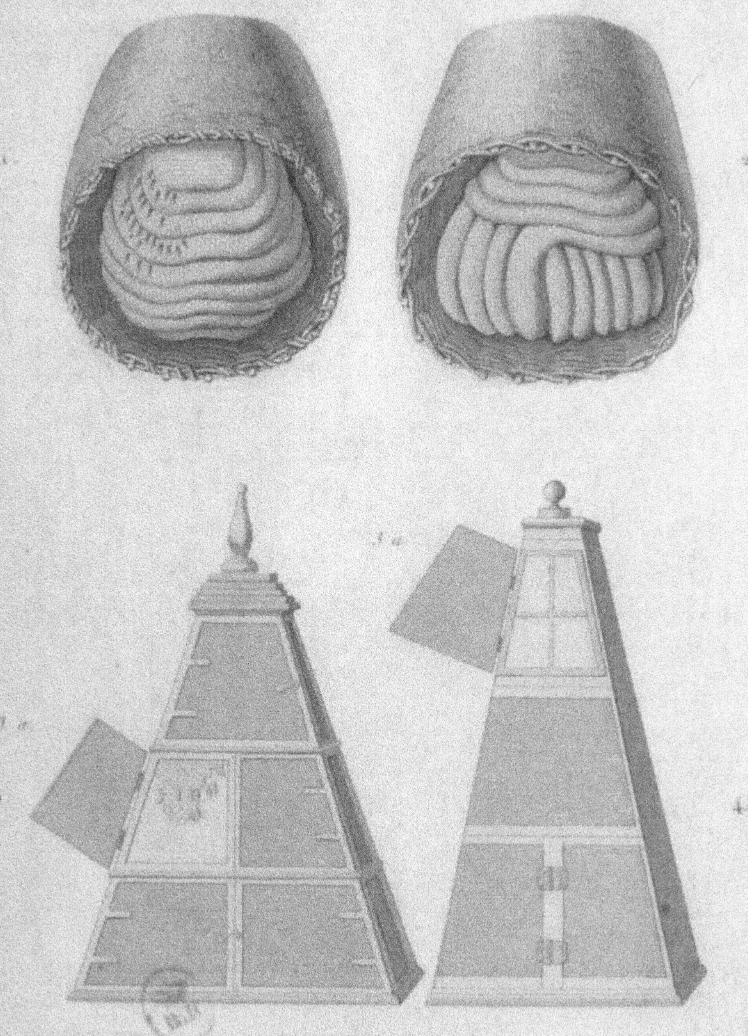

Boutrois pinx. Tastu père del. Guyard sculp.

1 et 2. Ruches ordinaires en osier. 3. et 4. Ruches vitrées à plusieurs étages qui peuvent se séparer. a Contrevents qu'on ouvre à volonté pour observer les abeilles et trouver les carreaux.

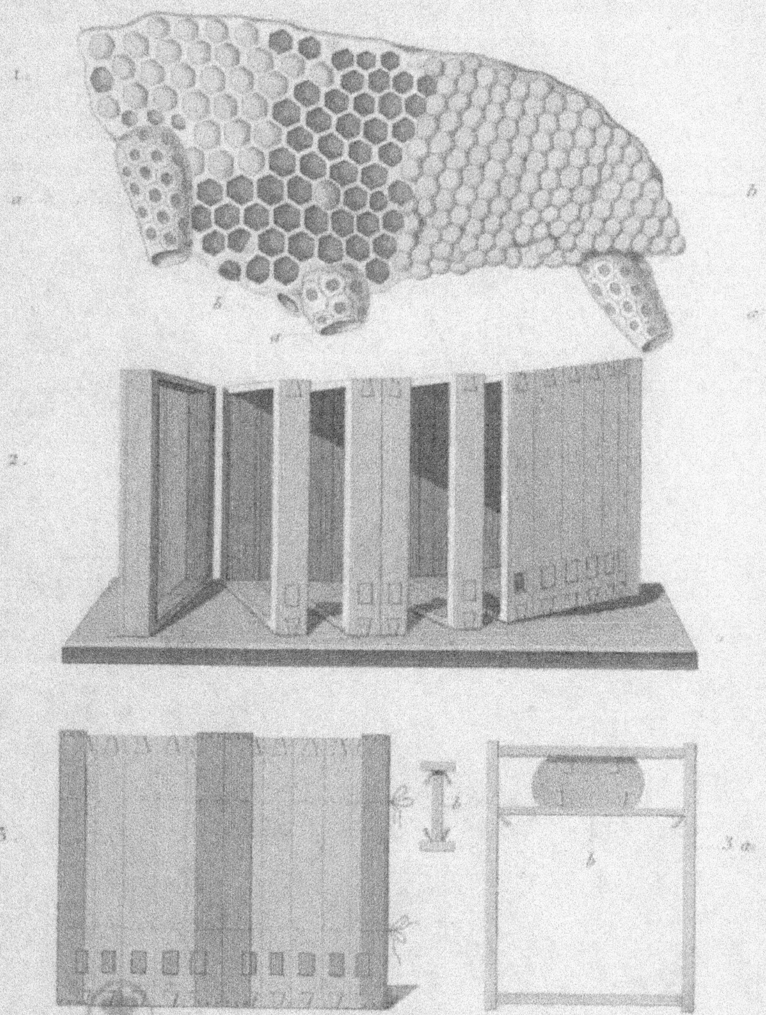

1. Gâteau composé de cellules ordinaires b, les unes fermées les autres ouvertes, et portant des cellules royales. a. Cellules où sont closes les mères, vulgairement cellules royales. b. cellules ordinaires les unes fermées les autres ouvertes. 2 Ruche à chassis qui peuvent s'ouvrir et se séparer à volonté. 3. La même ruche vue entièrement fermée. a. L'un des chassis vu de profil. b. Fuseau qui sert à soutenir les gâteaux.

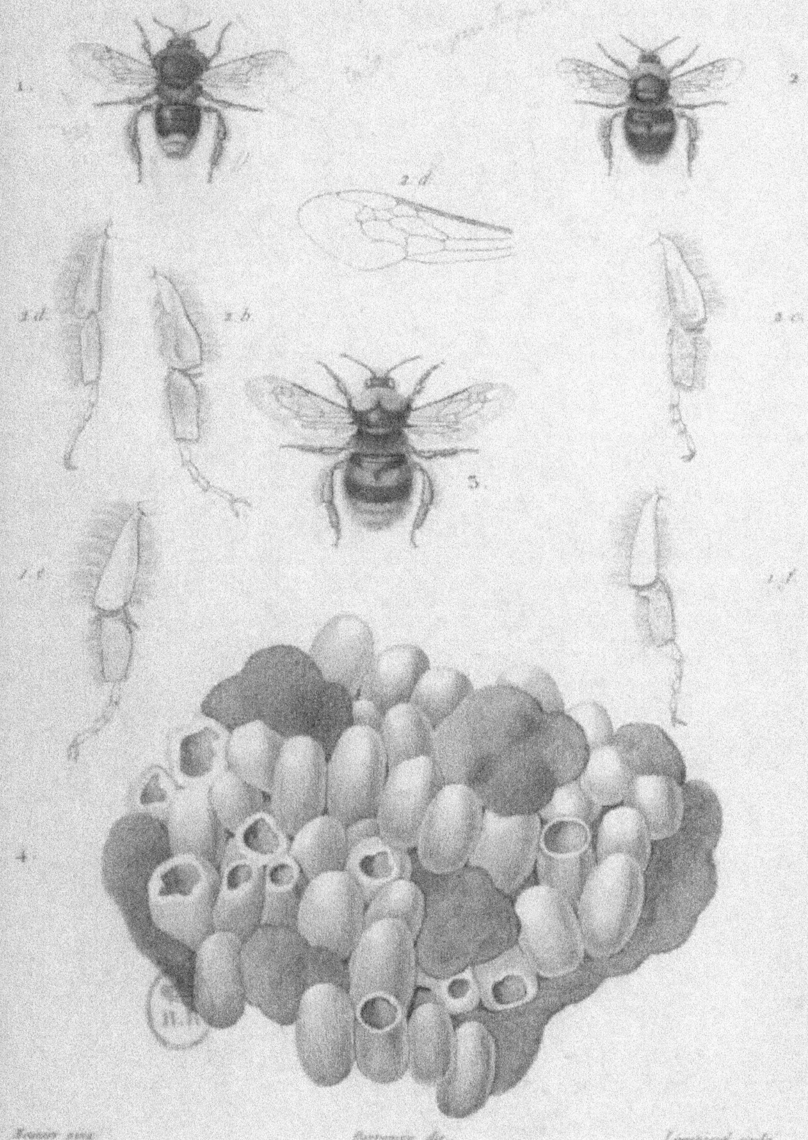

Bernard pinx.   *Bérranger dir.*   *Legrand sculp.*

1 Bombus sub interruptus ☿. 2 Bombus id ♂ 3 Bombus id ♀ 2 a Aile de ce Bombus. 2 b Patte postérieure ♀ vue en dessus. 2 c Patte postérieure ☿ vue en dessus. 2 d Patte postérieure ♀ vue en dessus. 2 e Patte postérieure ♀ vue en dessus. 2 f Patte postérieure ☿ vue en dessous. 4 Gâteau de cire tel qu'on le trouve dans les nids de Bourdons qui sont déjà passablement peuplés

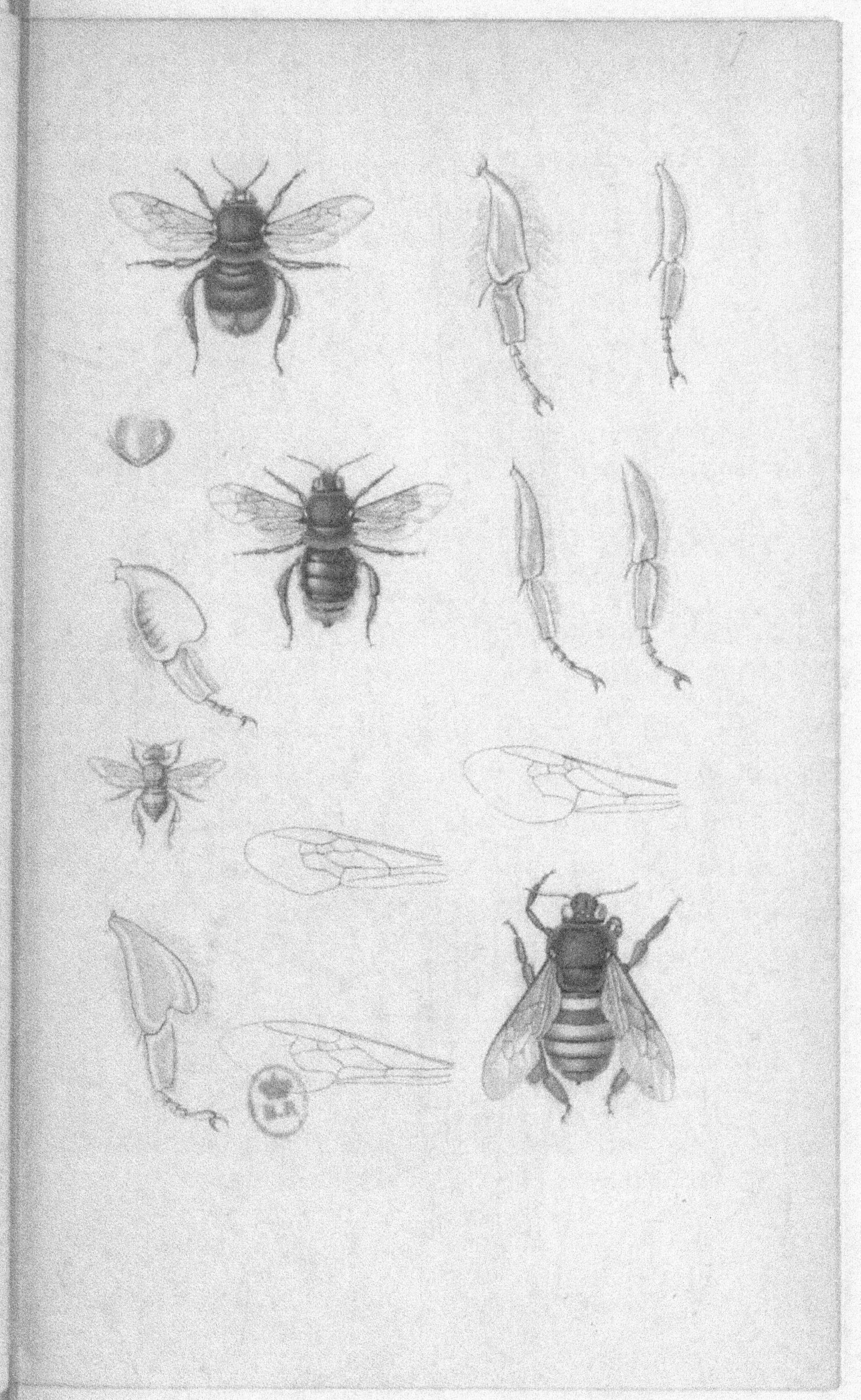

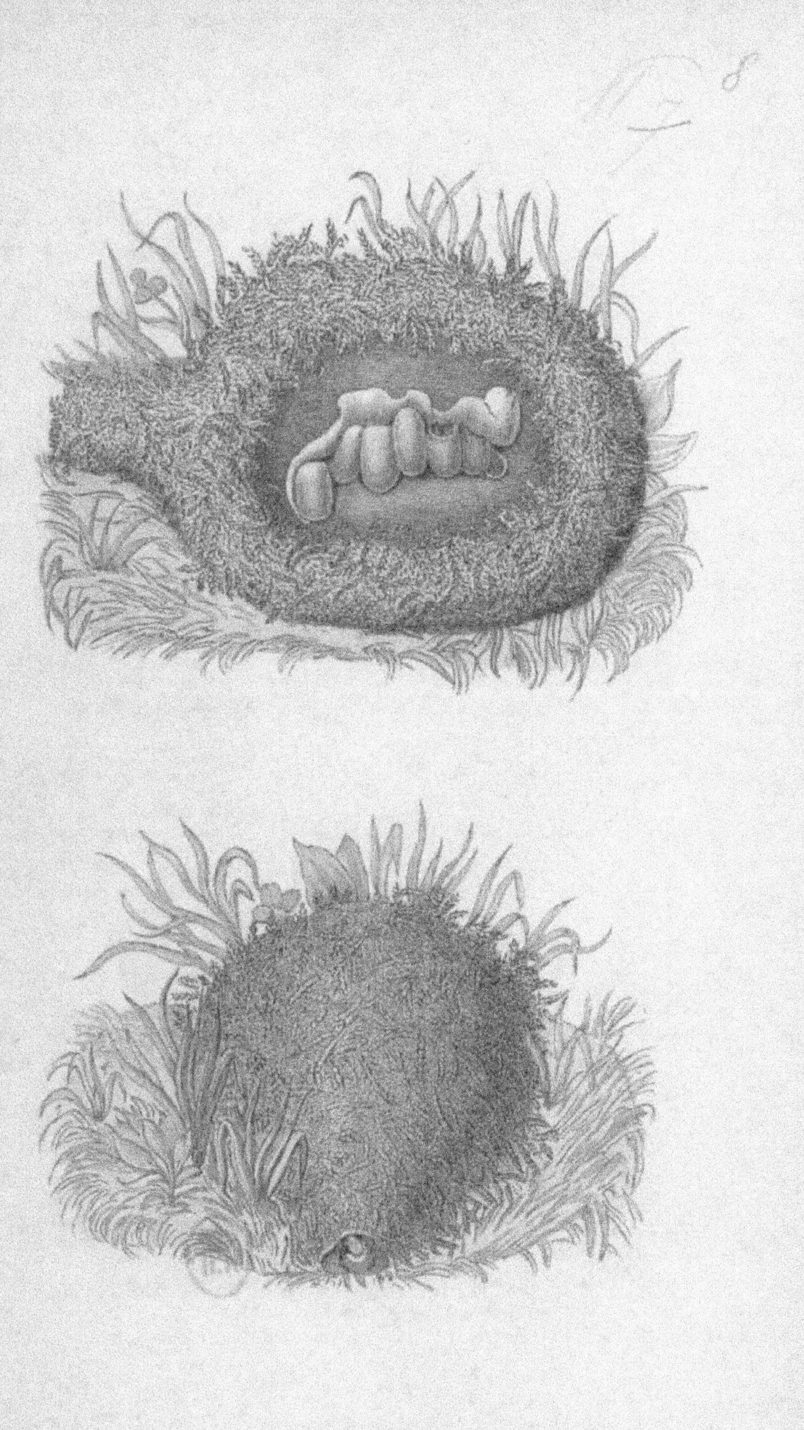

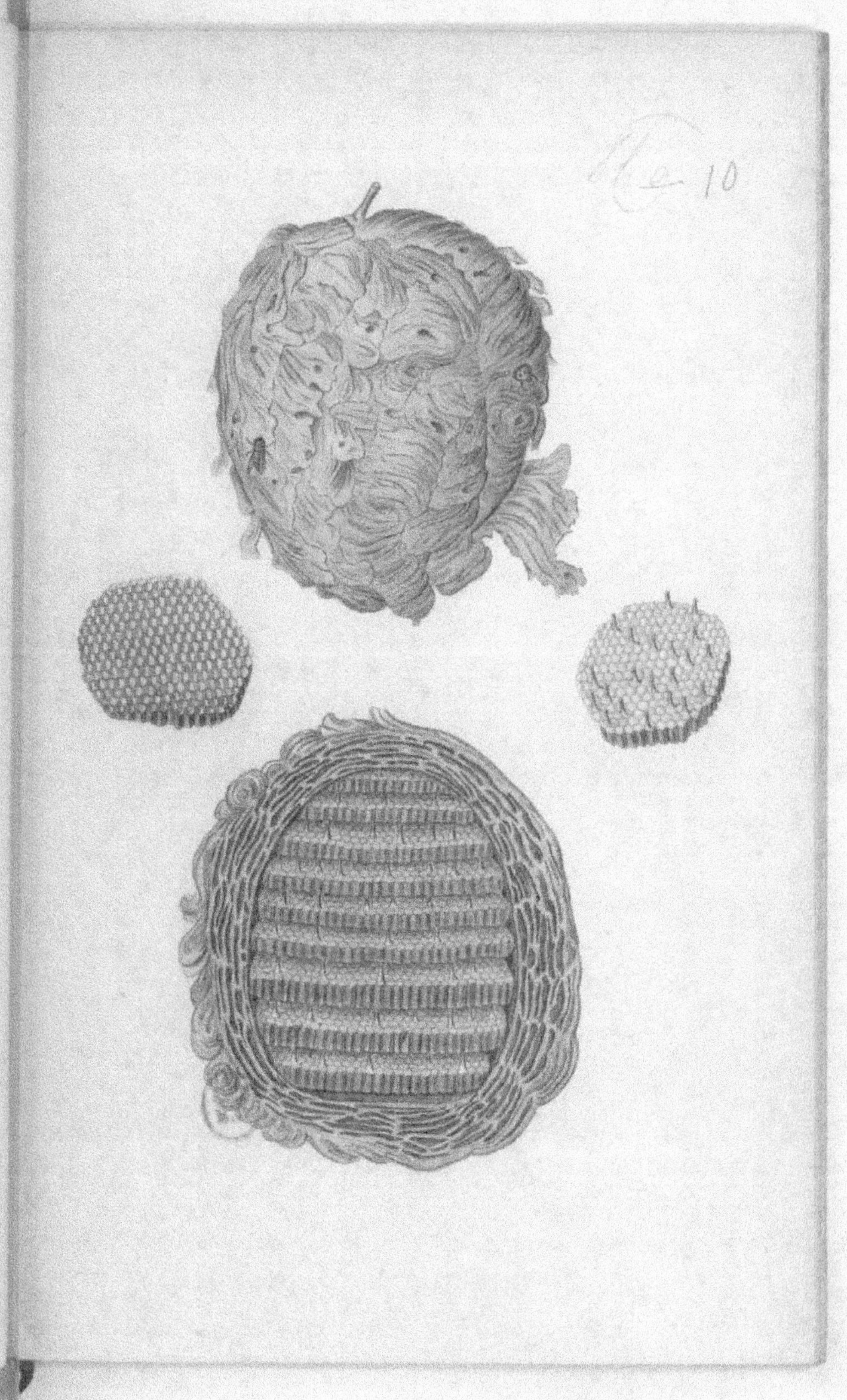

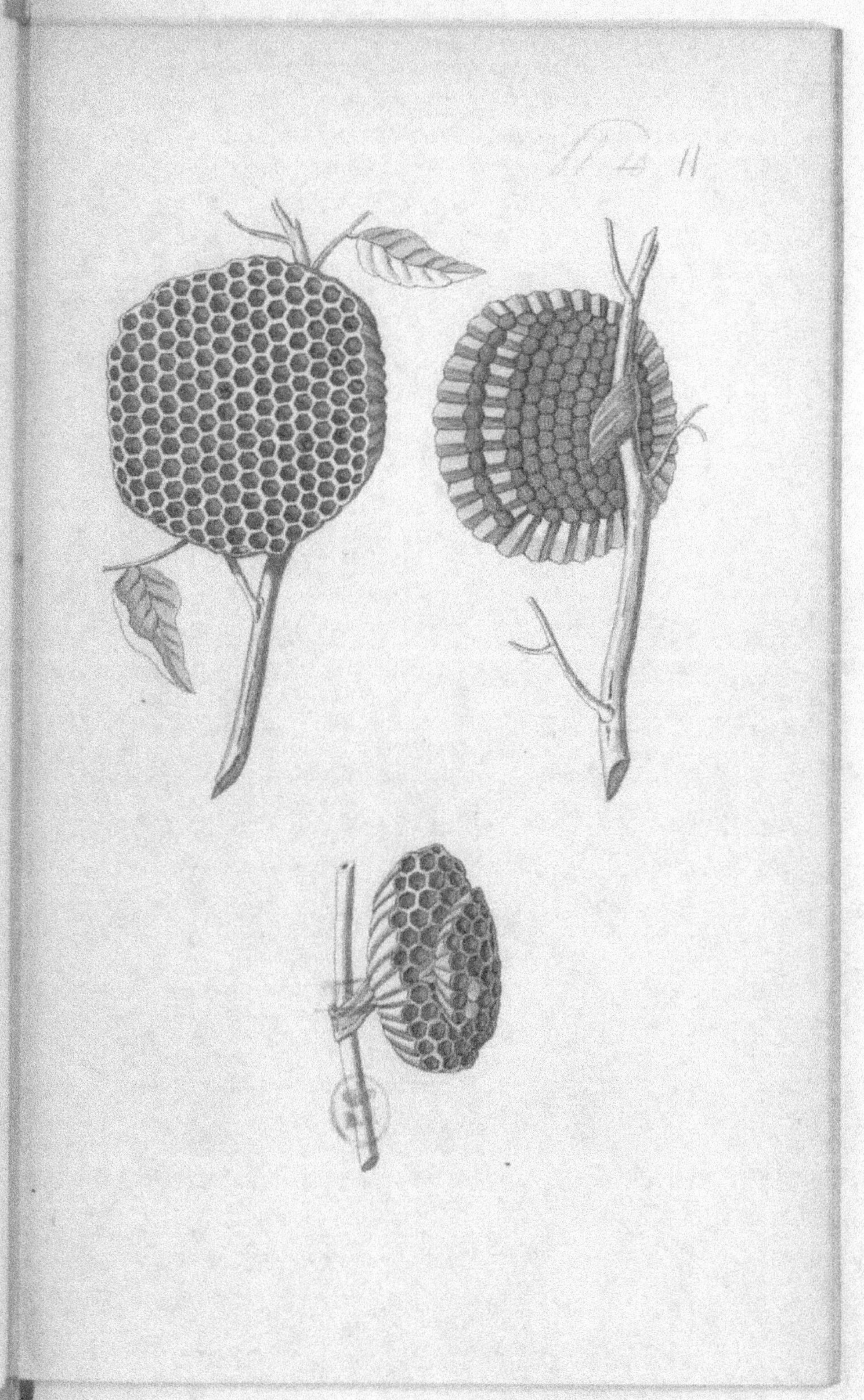

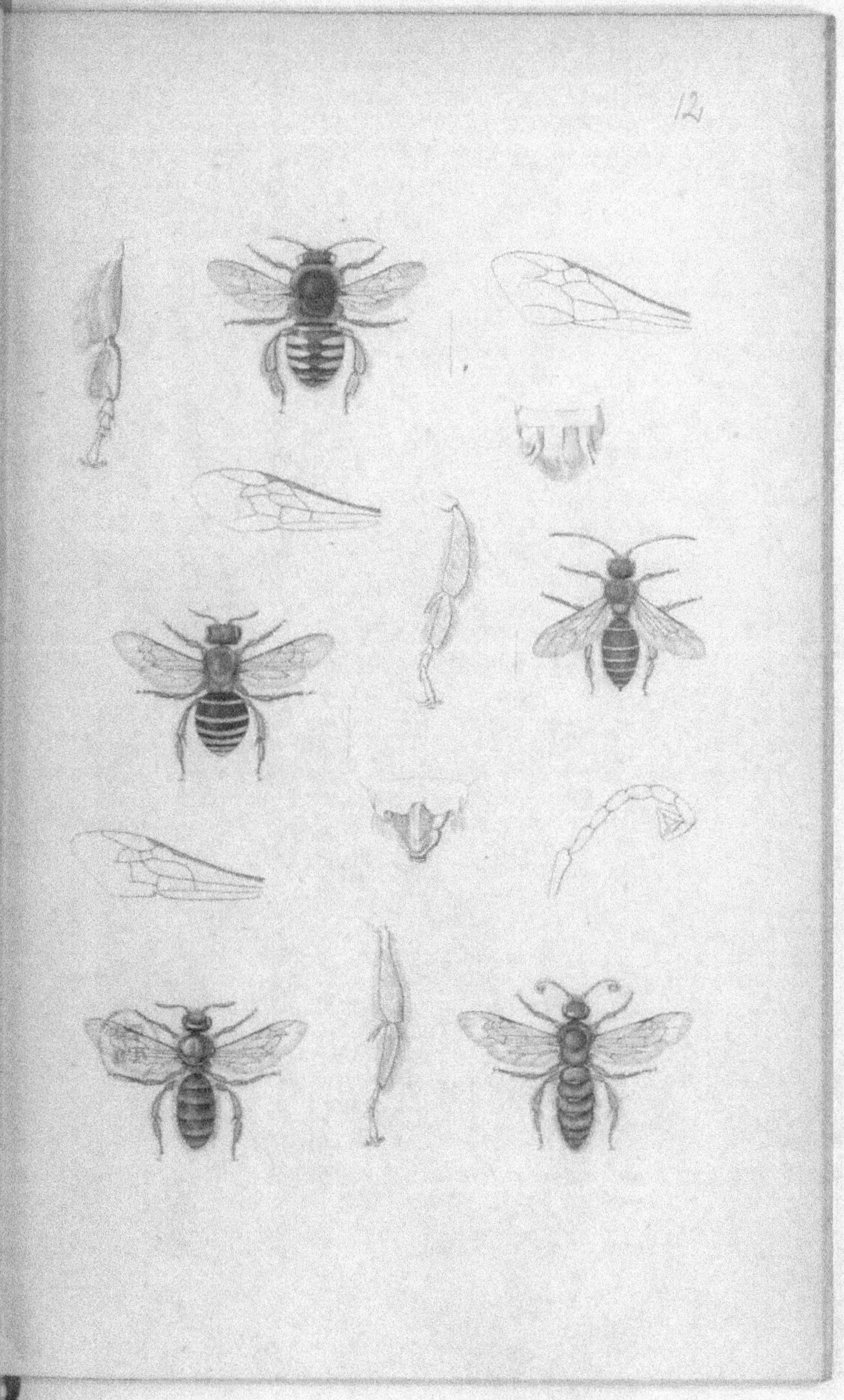

1. Allodape bimaculata ♀. 1 a. son aile. 1 b. sa Patte postérieure vue en dehors. 2. Lestis Bombylans ♀. 2 a. sa Patte postérieure. 2 b. sa Patte intermédiaire. 2 c. son aile. 3. Lestis Bombylans ♂. 4. Anthidium Florentinum ♀. 4 a. sa Patte postérieure vue en dehors. 4 b. son aile. 4 c. son Abdomen vu en dessous. 5. Anthidium Florentinum ♂. 5 a. derniers segments de son Abdomen vus en dessous.

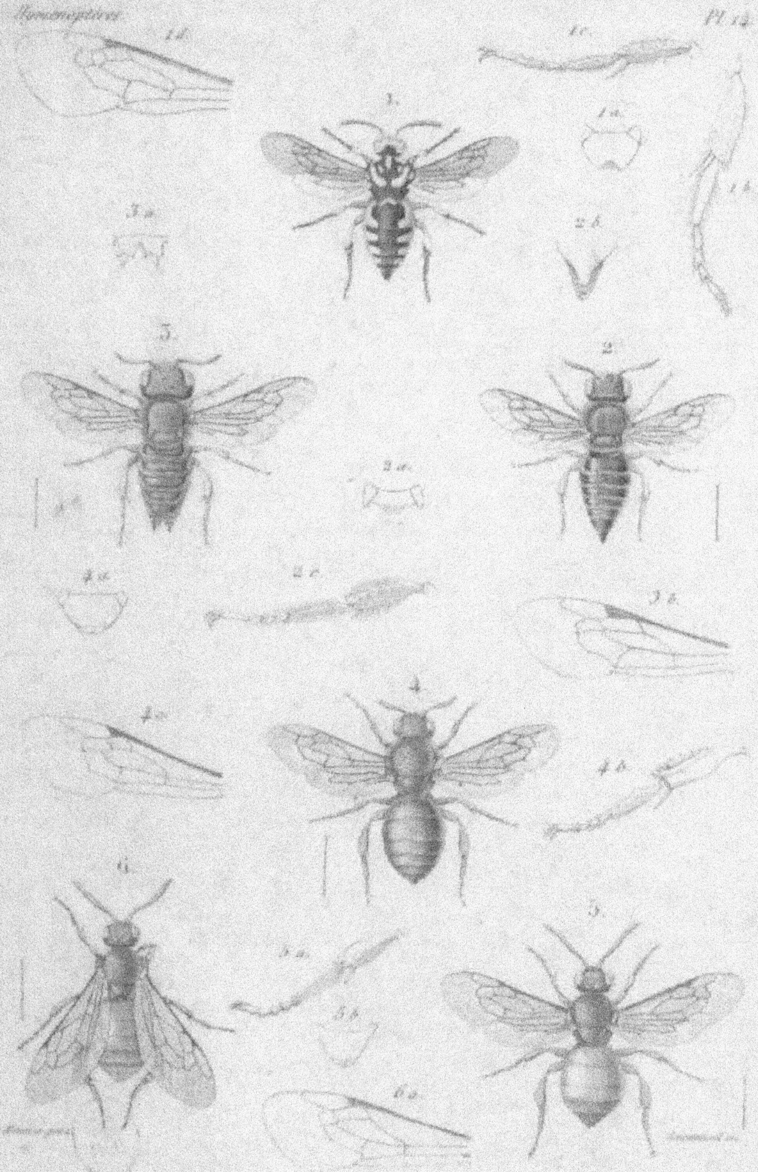
Hyménoptères
Pl. 14

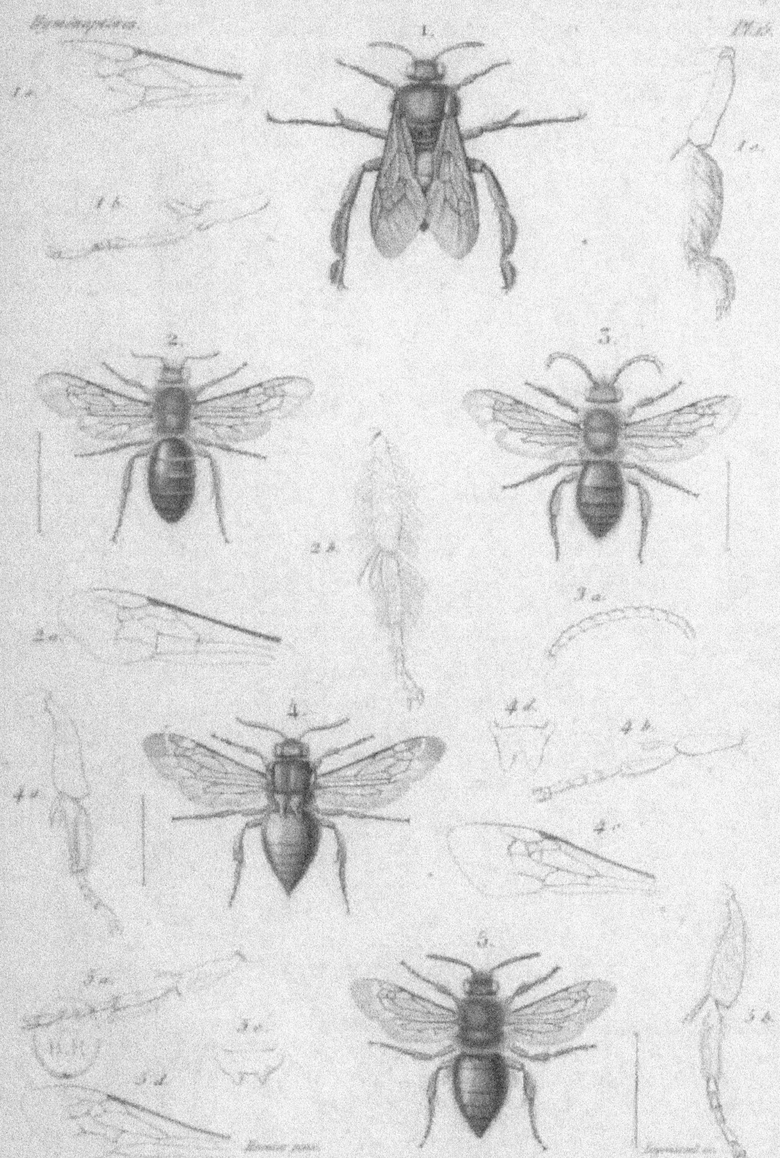

1. Acanthopus Splendidus ♂. 1 a. son aile. 1 b. sa Patte intermédiaire. 1 c. sa Patte postérieure vue en dehors.
2. Colletes Hirta ♀. 2 a. son aile. 2 b. sa Patte postérieure vue en dehors. 3. Colletes Hirta ♂. 3 a. son Antenne. 4. Megachile Bardus ♀. 4 a. sa Patte postérieure vue en dehors. 4 b. sa Patte intermédiaire. 4 c. son aile. 4 d. son Abdomen. 5. Melecta Armerna ♀. 5 a. sa Patte intermédiaire. 5 b. sa Patte postérieure vue en dehors. 5 c. son Abdomen. 5 d. son aile.

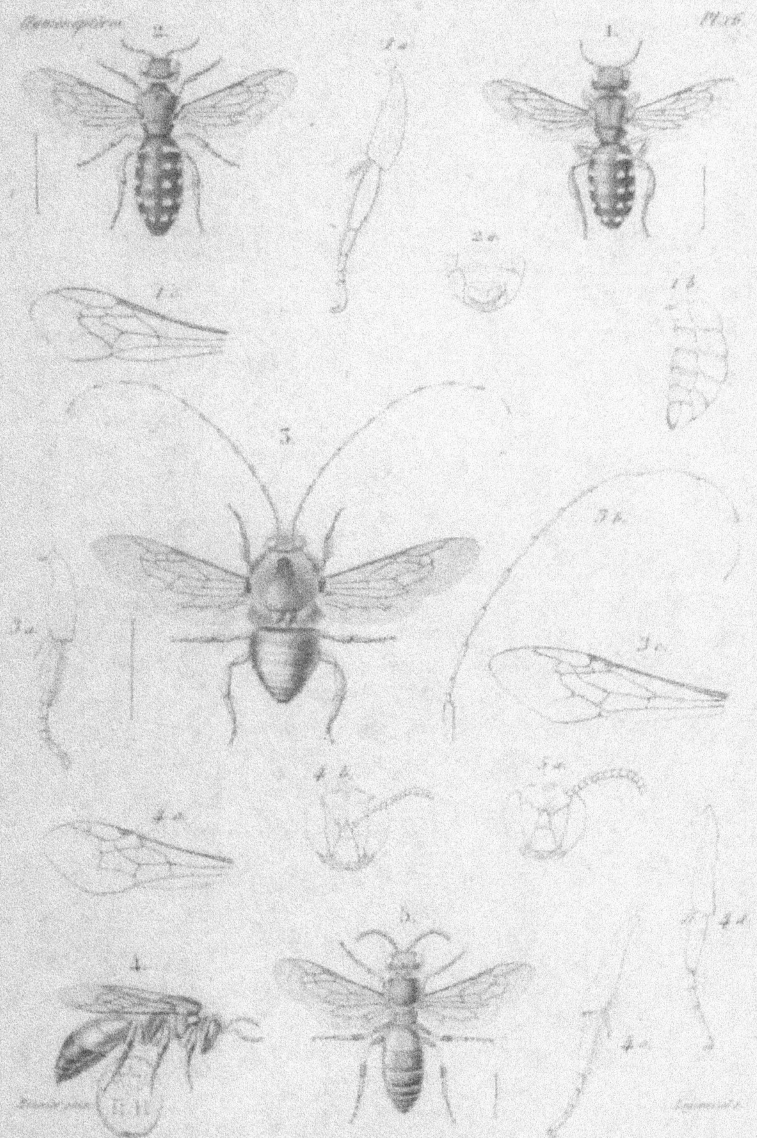

Himenopteros
Pl. 16

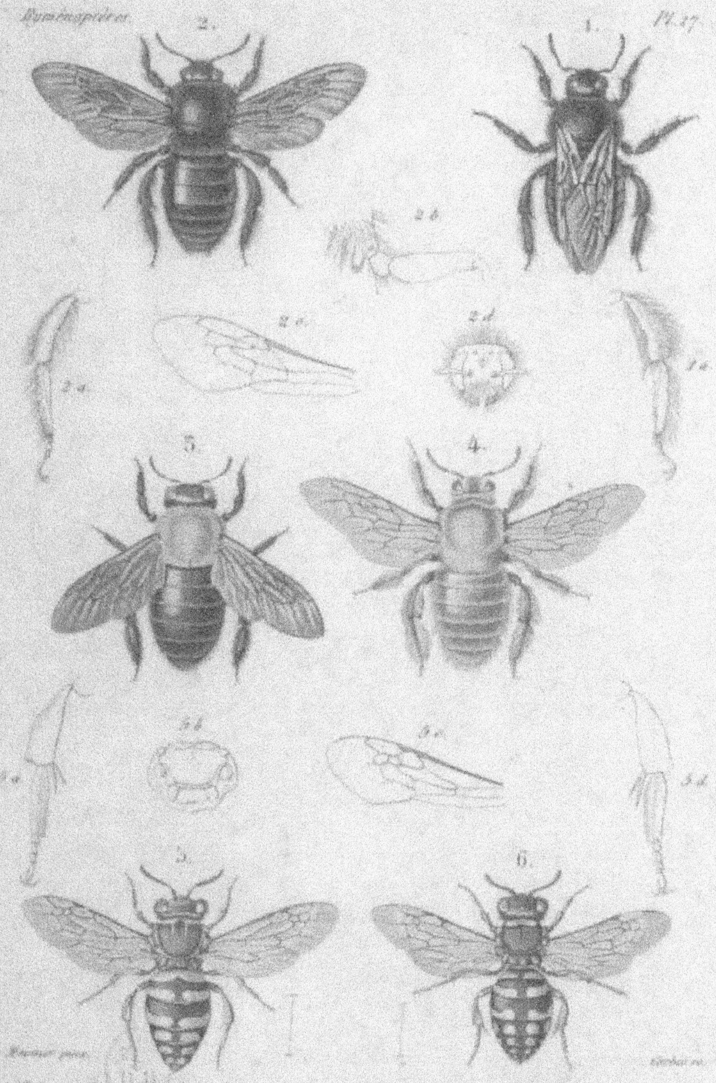

1. Xylocopa Violacea ♀. 1 d. sa Patte postérieure. 2. Xylocopa Violacea ♂. 2 a. sa Patte postérieure.
2 b. Mandibule et Crochet de cette Patte. 2 c. Aile des Xylocopa. 2 d. Tête du 5. 3. Xylocopa Latreillii
4. Xylocopa Latreillii ♂. 5. Epeolus Variegatus ♀. 6. Epeolus Variegatus ♂. 5 a. Patte postérieure ; vue en
dedans. 5 b. la même vue en dehors. 5 b. Tête. 5 c. Aile des Epeolus.

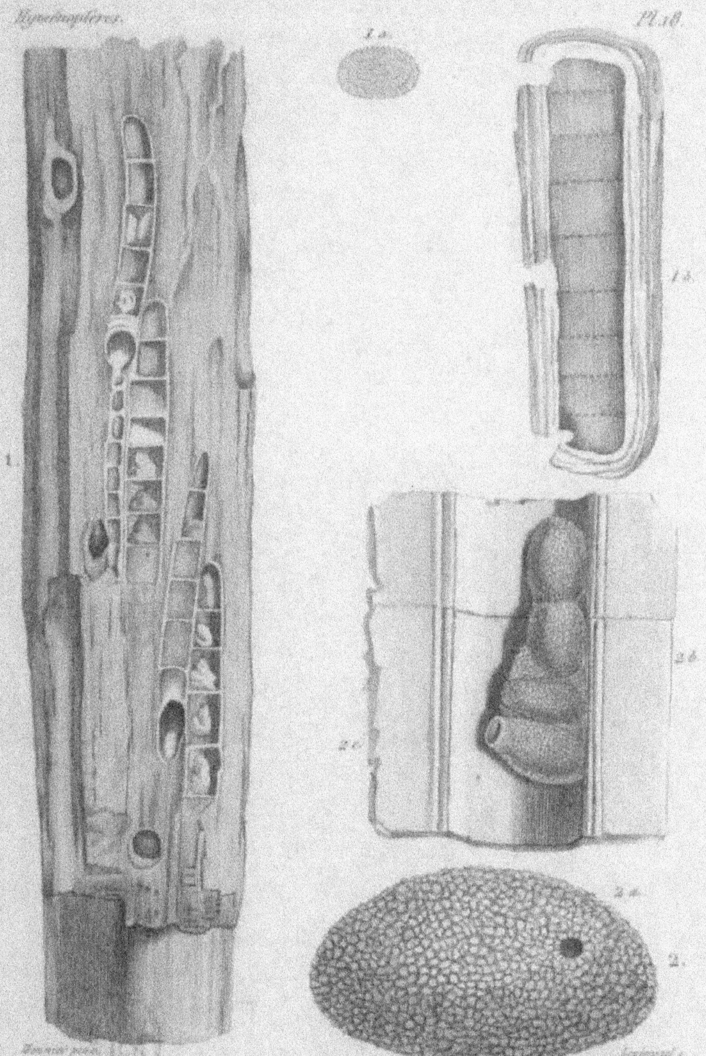

Fig.1. Beaucoup plus petits que nature. Morceau de bois détérioré, fendu et laissant voir des tubes creusés par la Xylocopa Violacea. Ces tubes séparés en cellules dont les unes représentées avec l'approvisionnement et les autres vides. 1 a. Couvercle qui sépare les cellules. 1 b. L'un des tubes vide, encore plus petit qu'en nature. 2. Nid entier de la Chalicodoma Muraria. 2 a. ouverture faite par l'un des insectes devenus parfaits dans ce nid. 2 b. Cellules de la base de ce nid construites contre un mur. 2 c. une de ces cellules non encore terminée et restée ouverte pour recevoir l'approvisionnement de Pollen et de Miel.

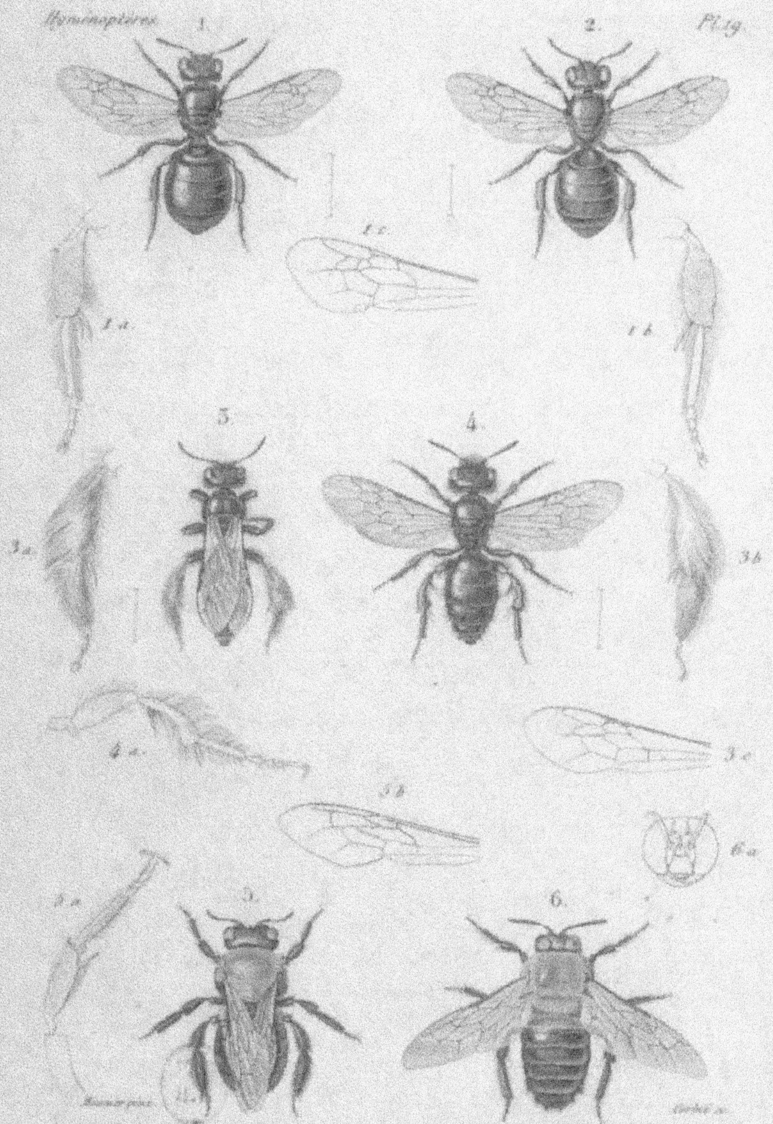

1. Ceratina Albilabris ♀ 1 a. sa Patte postérieure en dessus. 1 b. du même vue en dessous. 1 c. Aile de la même. 2. Ceratina Albilabris ♂. 3. Panurgus Dentipes ♀ 3 a. sa Patte postérieure en dessus. 3 b. la même vue en dessous. 3 c. Aile de la même. 4. Panurgus Dentipes ♂. 4 a. sa Patte postér.e en dessus. 5. Xylocopa Carolina ♀ 5 a. sa Patte vue en dessus. 5 b. Aile de la même. 6. Xylocopa Carolina ♂. 6 a. la tête de ce ♂ vue en devant pour montrer le rapprochement des yeux.

1. Centris Desiculata ♀, 1 a. sa Patte postérieure en dessus, 1 b. Aile de la même. 2. Centris Devassa ♂. 3. Chalicodoma Sicula ♀. 4. Osmia Fuscensis ♀, 2 a. son Aile, 4 b. son Nid dans une coquille, 4 c. son Abdomen en dessus. 5. Chelostoma Culminorum ♀, 5 a. Tête vue de profil pour montrer le prolongement du Labre. 6. Chelostoma Culmorum ♂. 6 a. dessous de l'Abdomen ♂.

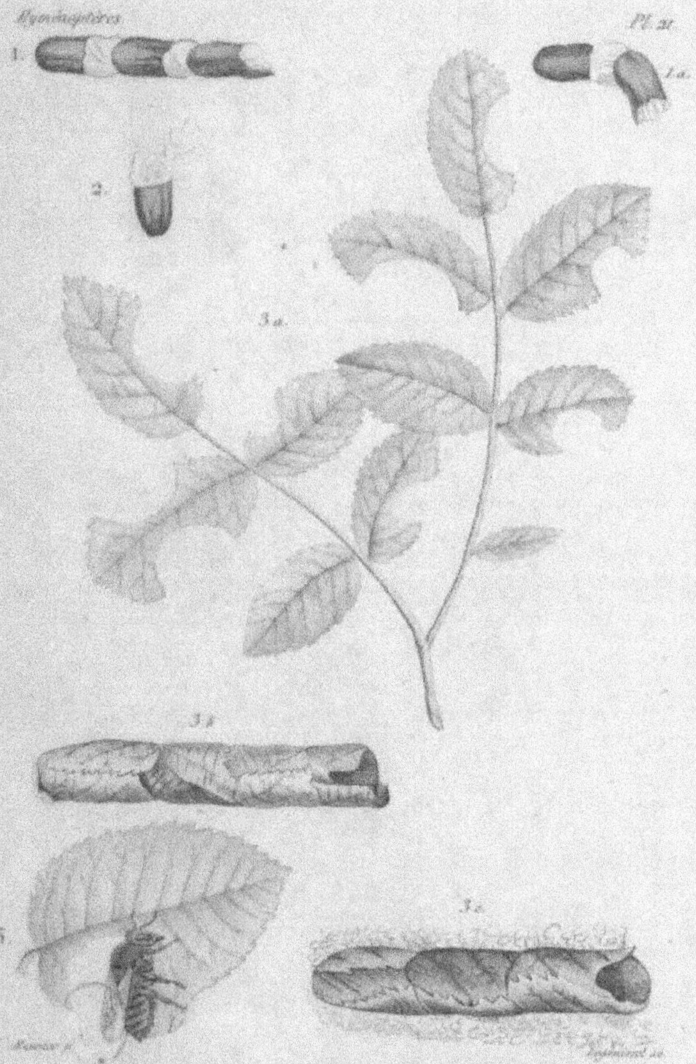

1. Cellules membraneuses construites et approvisionnées par les Colletes. 2. Cellule construite de feuilles de Coquelicot par l'Anthocopa Papaveris. 3. Megachile Centuncularis coupant un des morceaux de feuilles de Rosier dont son nid est construit. 3 a. Feuilles de Rosier ayant fourni plusieurs morceaux de diverses pièces. 3 b. et 3 c. Tuyaux composés de plusieurs Cellules, faits de ces morceaux de feuilles.

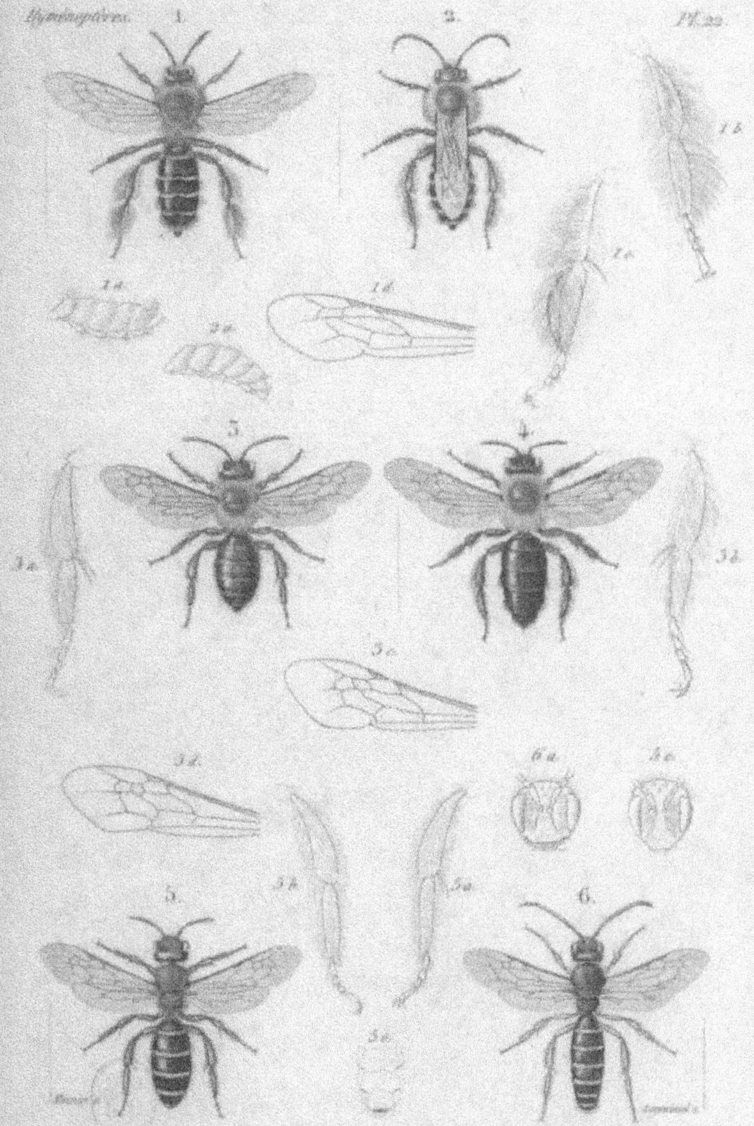

1. Dasypoda Hirtipes ♀. 1 a. Abdomen de cette femelle. 1 b. sa Patte postérieure en dessous. 1 c. la même en
dessus. 1 d. Ailes de la Dasypoda.   2. Dasypoda Hirtipes ♂. 2 a. Abdomen de ce ♂.   3. Andrena Collaris ♀.
3 a. sa Patte postérieure en dessus. 3 b. la même en dessous. 3 c. Aile de l'Andrena.   4. Andrena Collaris ♂.
5. Halictus punctus ♀. 5 a. sa Patte postérieure en dessus. 5 b. la même vue en dessous. 5 c. Tête de la femelle.
5 d. Aile de l'Halictus. 5 e. bout de l'Abdomen. 6. Halictus punctus ♂. 6 a. Tête de ♂.

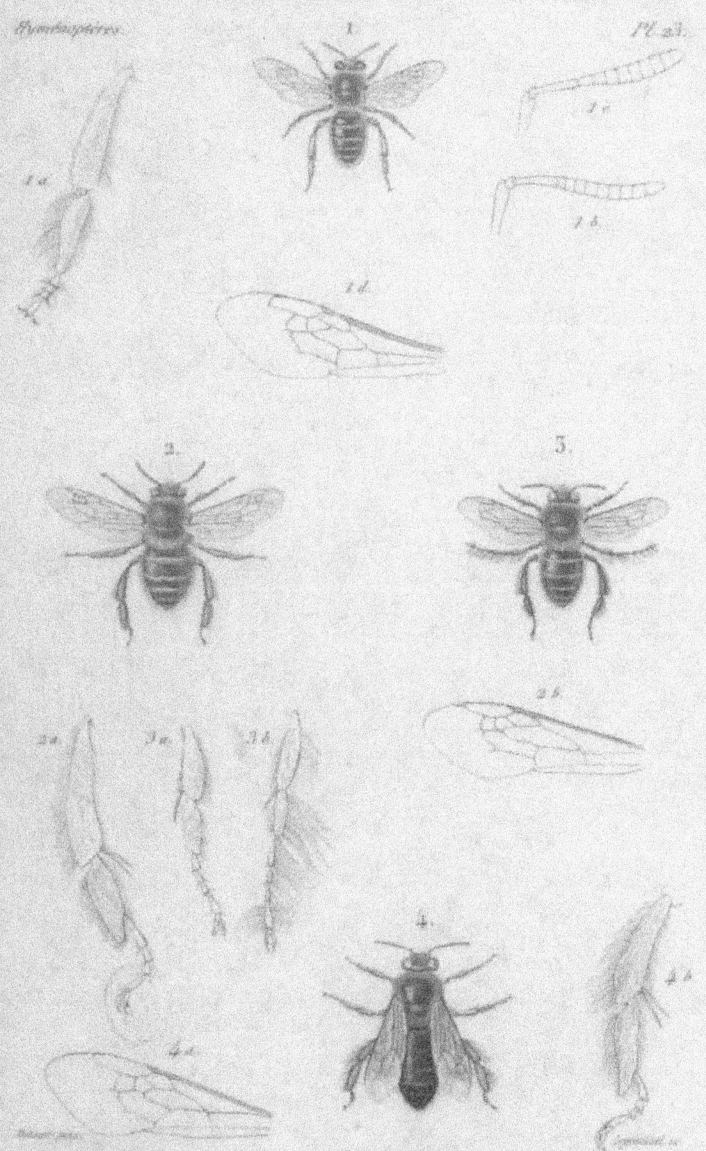

1. Melitturga Clavicornis ♀. 1 a. sa Patte postérieure en dessus. 1 b. Antenne de la femelle. 1 c. Antenne du mâle. 1 d. Tête de la Melitturga. 2. Anthophora Acervorum ♀. 2 a. sa Patte postérieure. 2 b. Aile de l'Anthophora. 3. Anthophora Acervorum ♂. 3 a. sa Patte postérieure. 3 b. sa Patte intermédiaire. 4. Anthophora Hispanica plus petite que nature. 4 a. son Aile. 4 b. sa Patte postérieure.

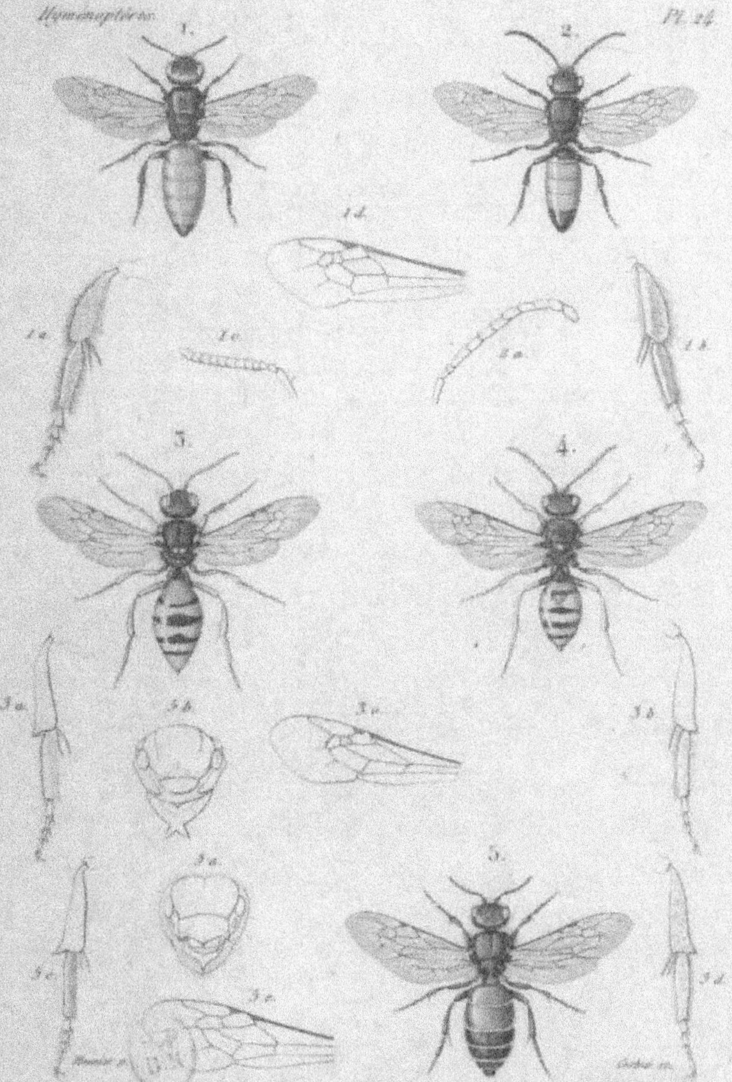

1. Sphecodes Gibbus ♀. 1 a. sa Patte postérieure vue en dessous. 1 b. la même en dessus. 1 c. Antenne de la ♀. 1 d. Aile du Sphecodes. 2. Sphecodes Gibbus ♂. 2 a. Antenne du ♂. 3. Nomada Varia ♀. 3 a. la Patte postérieure vue en dessus. 3 b. la même vue en dessous. 3 c. Tête de la Nomada. 4. Nomada Varia ♂. 5. Prosopis Signata ♀. 5 a. Tête de celle-ci vue de face. 5 b. Tête du mâle. 5 c. Patte postérieure vue en dessus. 5 d. la même vue en dessous.

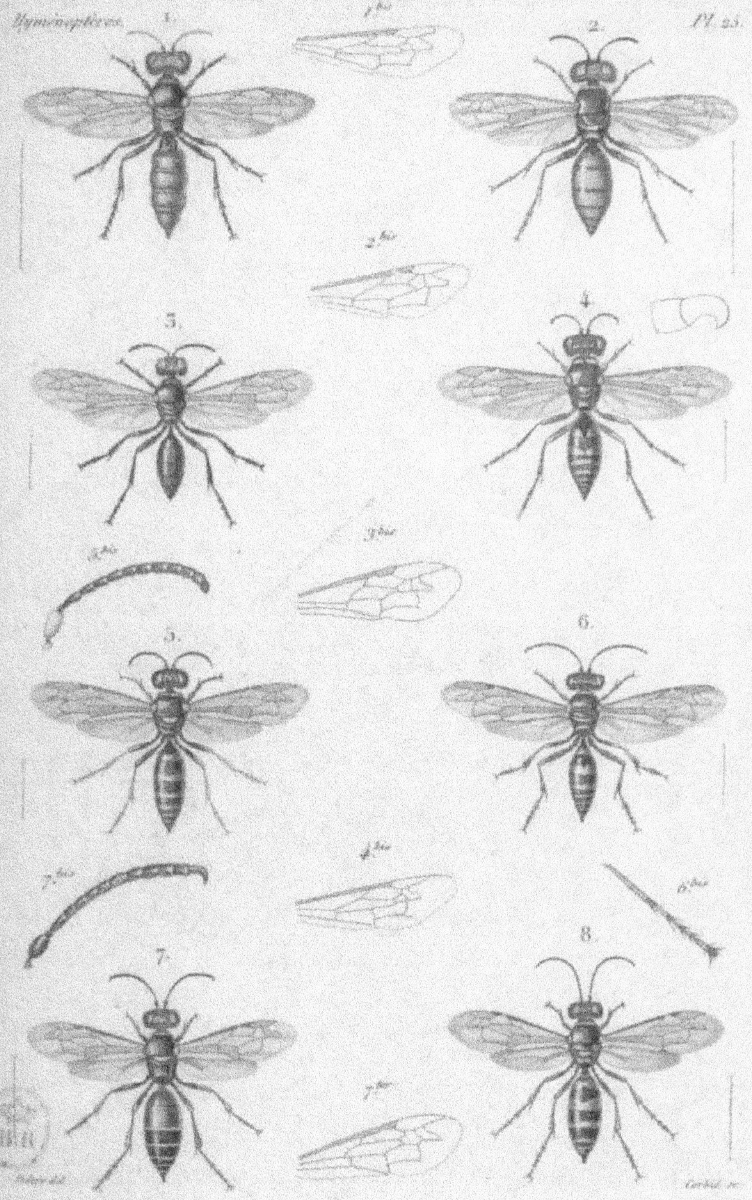

1. Cerceris Capito *femelle*. 1.re *son aile*. 2. Philanthus Abdelcader *femelle*. 2.re *son aile*. 3. Psen atratus *femelle*. 3.re *son aile*. 4. Nysson Dufourii *mâle*. 4.re *son aile*. 5. Hoplisus Quinque-cinctus *mâle*. 5.re *son antenne*. 6. Euspongus Laticinctus *mâle*. 6.re *son tarse postérieur*. 7. Arpactus Carceli *mâle*. 7.re *son antenne*. 7.re *son aile*. 8. Gorytes Mystaceus *femelle*.

1. Alyson Laticornis *mâle*. *1.bis son aile*. *1.ter bout de l'antenne*. 2. Cemonus Unicolor *femelle*. *2.bis son aile*. 3. Pemphredon Oraniense *femelle*. *3.bis son aile*. 4. Stygmus Pendulus *mâle*. *4.bis son aile*. 5. Crabro comptus *mâle*. *5.bis son antenne*. 6. Blepharipus Mediatus *mâle*. *6.bis son antenne*. 7. Thyreopus Clypeatus *mâle*. *7.bis son antenne*. 8. Crossocerus subpunctatus. *8.bis son aile*.

1. Nitela Spinolæ _femelle._ 1.bis _son aile._   2. Oxybelus Bellicosus _mâle._ 2.bis _son aile._   3. Trypoxylon
Albitarse _femelle._ 3.bis _son aile._   4. Palarus Flavipes _mâle._ 4.bis _son aile._ 5. Dinetus pictus _mâle._
5.bis _son aile._   6. Miscophus Bicolor. 6.bis _son aile._

1. Tachytes Oraniensis *femelle.* 1bis. *son mâle.* 2. Astata Boops *mâle.* 2bis. *son mâle.* 3. Bembex rostrata *mâr.* 3bis. *son mâle.* 4. Monedula Carolina *femelle* 4bis. *son mâle.* 5. Hogardia ruficornis *5bis. son mâle.*

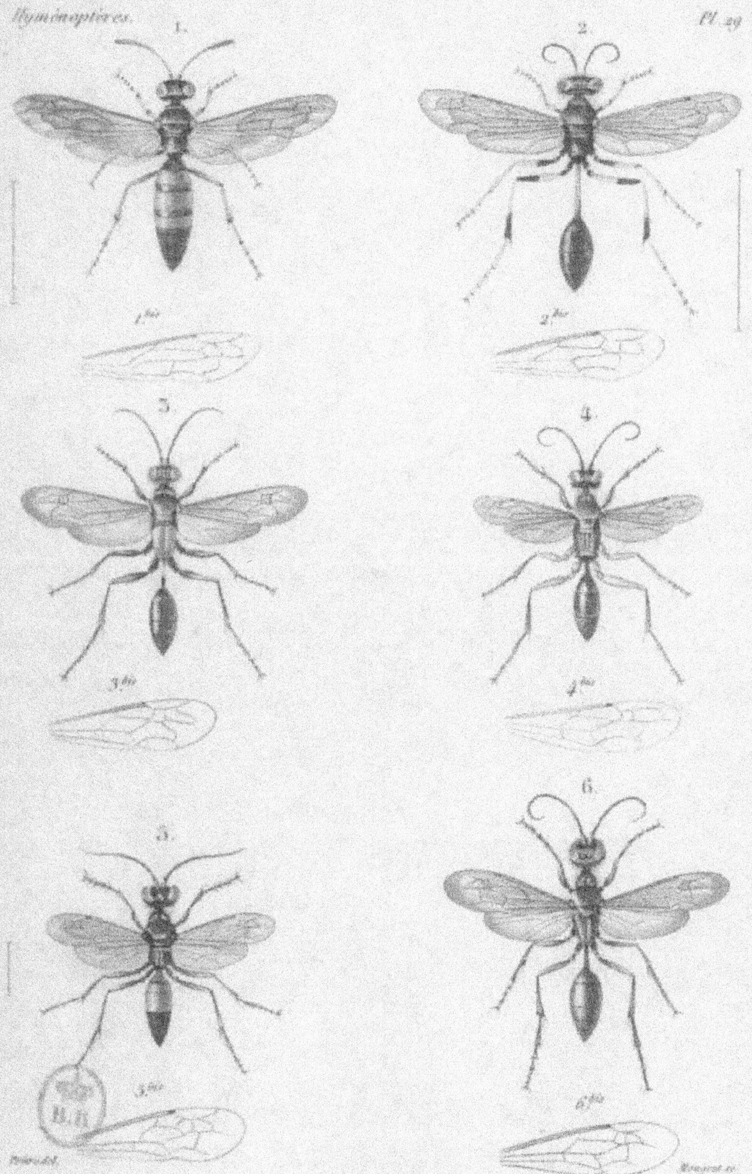

1. Stizus rufipes *femelle*. 1.*bis son aile*.   2. Pelopœus prusilis *femelle*. 2.*bis son aile*.   3. Podium Goryanum *femelle*. 3.*bis son aile*.   4. Ampulex compressus *femelle*. 4.*bis son aile*.   5. Dolichurus bicolor *femelle*. 5.*bis son aile*.   6. Chlorion viridi-œneum *femelle*. 6.*bis son aile*.

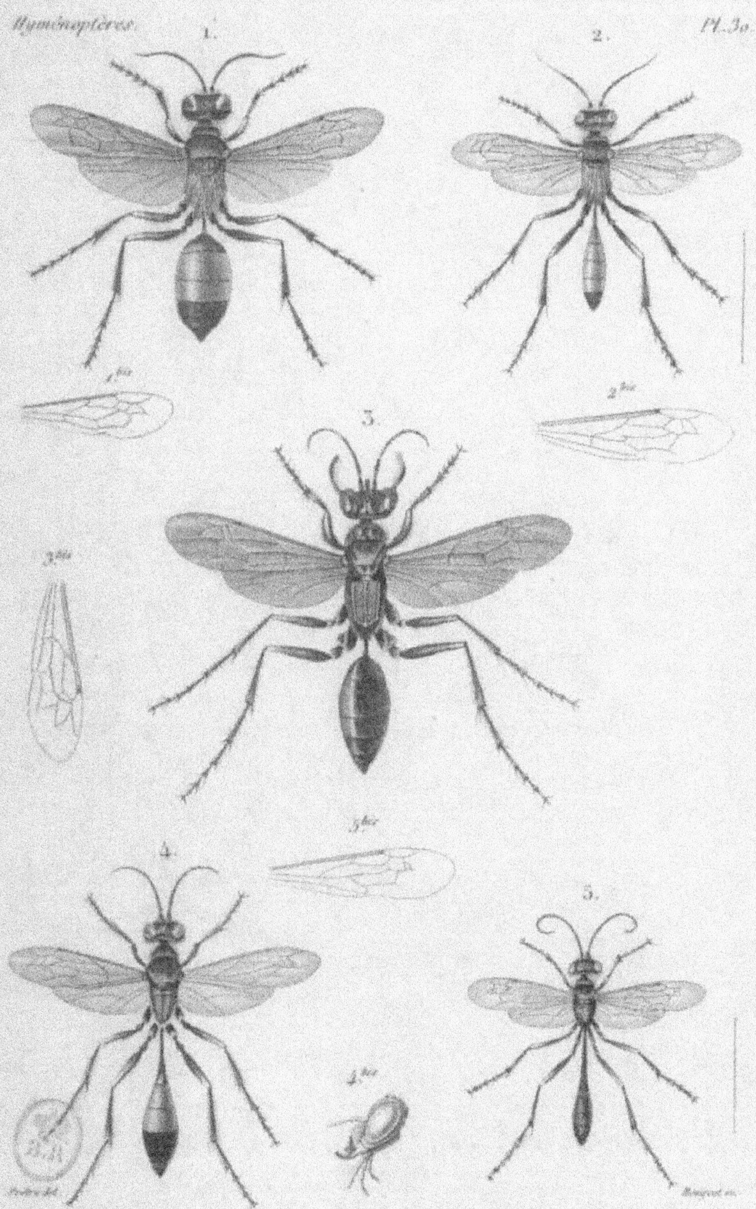

1. Pronœus maxillosus *femelle.* 1bis son aile.   2. Ammophila argentata *femelle.* 2bis son aile.
3. Sphex alta *femelle.* 3bis son aile.   4. Ammophila armata *mâle.* 4bis sa face vue un peu sur le côté.
5. Miscus campestris *femelle.* 5bis son aile.

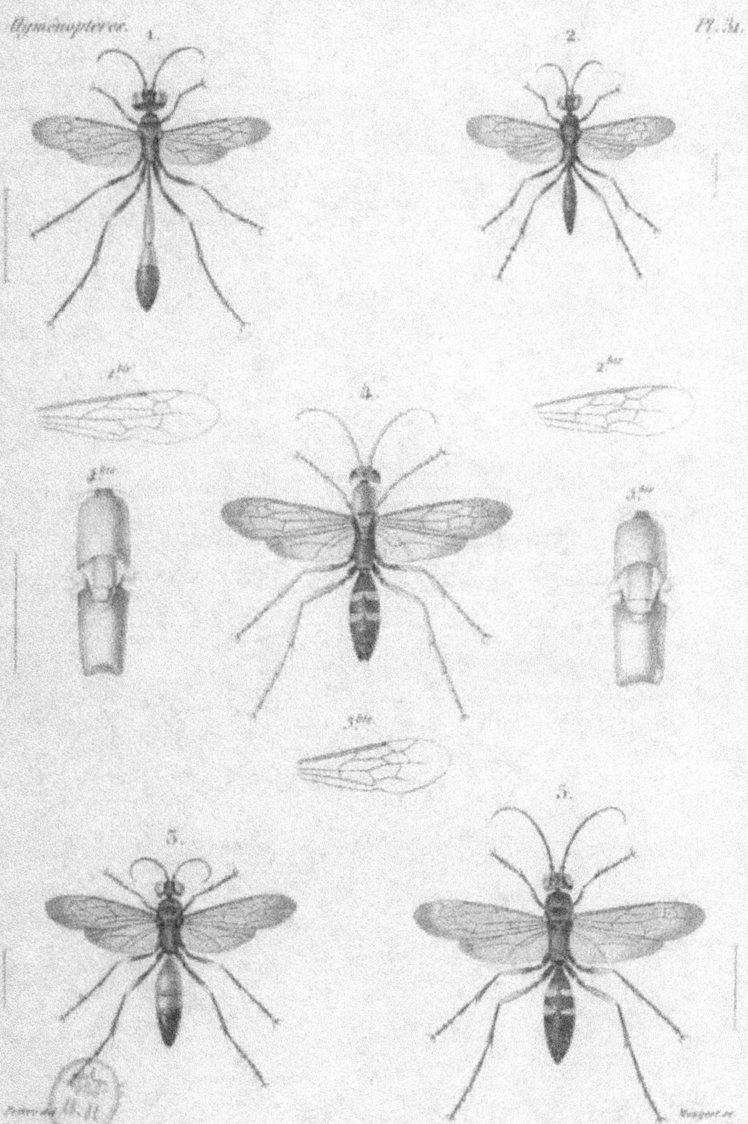

1. Coloptera barbara. 1ter son aile. 2. Aporus unicolor. 2ter son aile. 3. Evagetes bicolor.
3bis son aile. 4. Salius bicolor. 4ter dessus du corselet. 5. Salius punctatus. 5ter dessus du corselet.

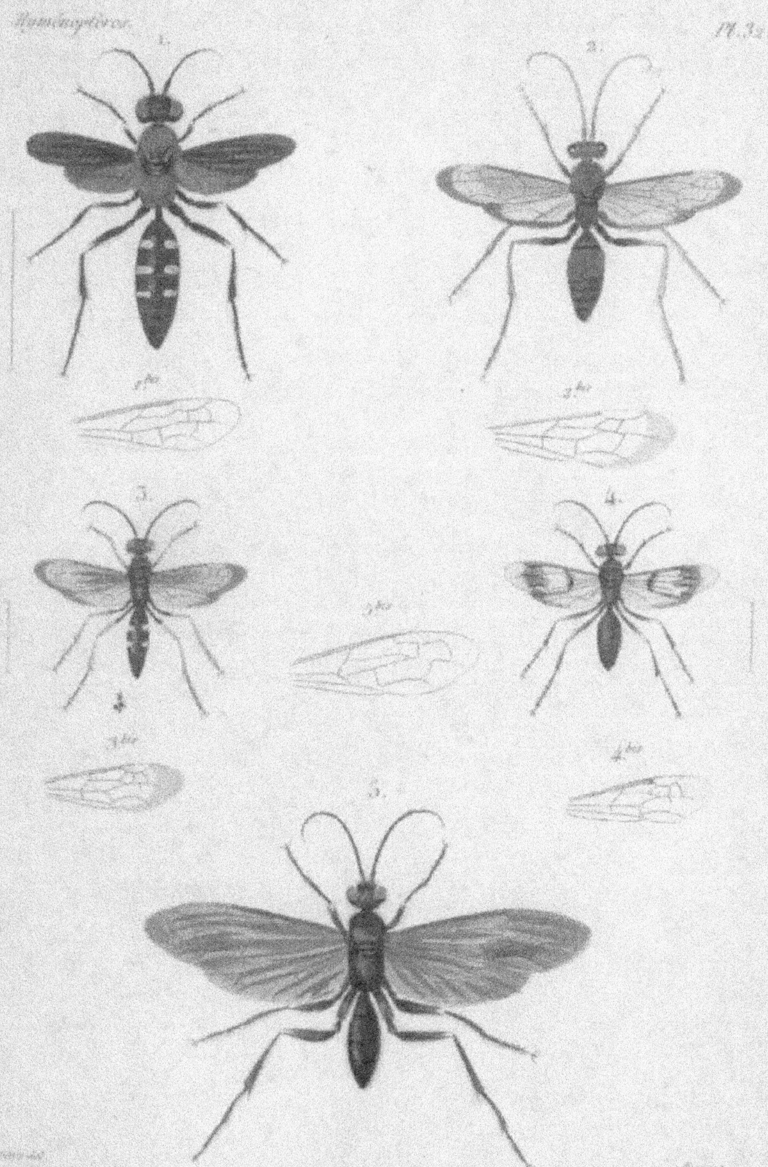

1. *Micropterix brevipennis* femelle. 1.bis non col. 2. *Calicurgus luteipennis* mâle. 2.bis non col. 3. Pompilus
albonotatus mâle. 3.bis non col. 4. *Anoplius variegatus* femelle. 4.bis non col. 5. *Macromeris*
splendida mâle. 5.bis non col.

1. Perrhella Algira *femelle*. 1.bis *non aile*. 2. Ceropales variegata. 2.bis *non aile*. 3. Pepsis elongata. *femelle* 3.bis *non aile*. 4. Pallosoma barbara *femelle*. 4.bis *non aile*. 5. Pallosoma barbara *mâle*. 5.bis *non aile*.

1. Scolia aureipennis *femelle.* 1bis *son aile.* 2. Scolia erythrocephala *mâle.* 2bis *son aile.* 3. Campsomeris lucida. 3bis *son aile.* 4. Colpa aurea *femelle.* 4bis *son aile.* 5. Colpa aurea. 5bis *son antenne.*

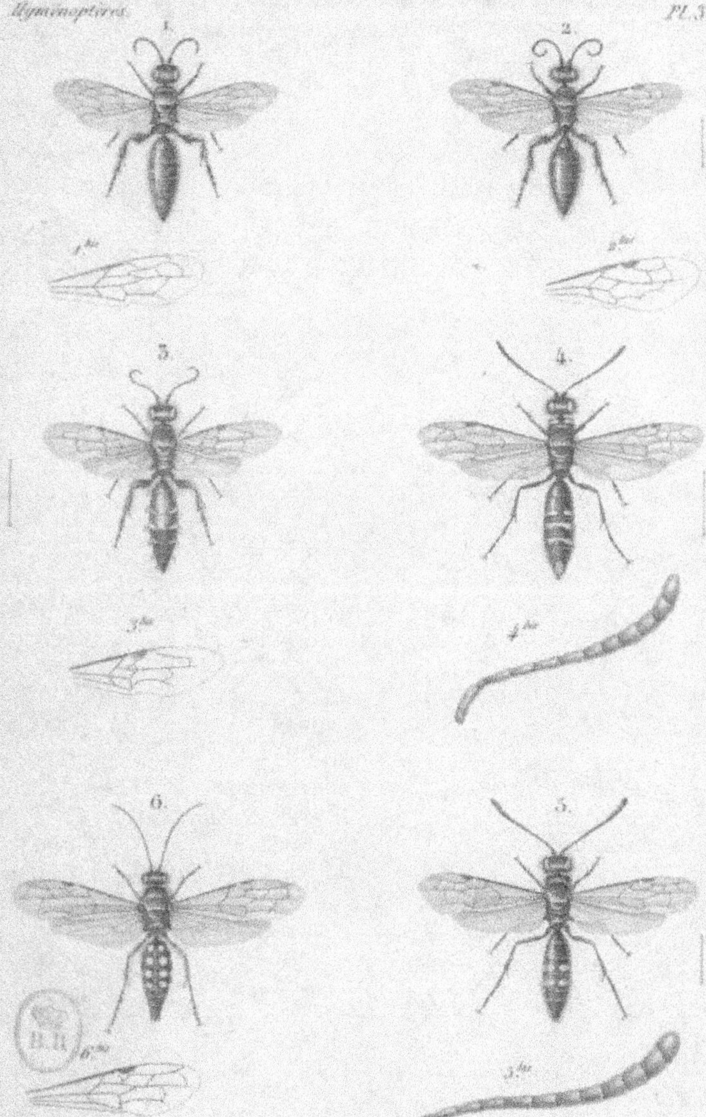

1. Tiphia capensis *femelle.* 1re *son aile.*   2. Tiphia villosa *femelle.* 2de *son aile.*   3. Meria tripunctata *mâle.* 3^{he} *son aile.*   4. Sapyga prisma *femelle.* 4me *son aile.*   5. Sapyga prisma *mâle.* 5^{he} *son antenne.*   6. Thynnus Westwodii *mâle.* 6me *son aile.*

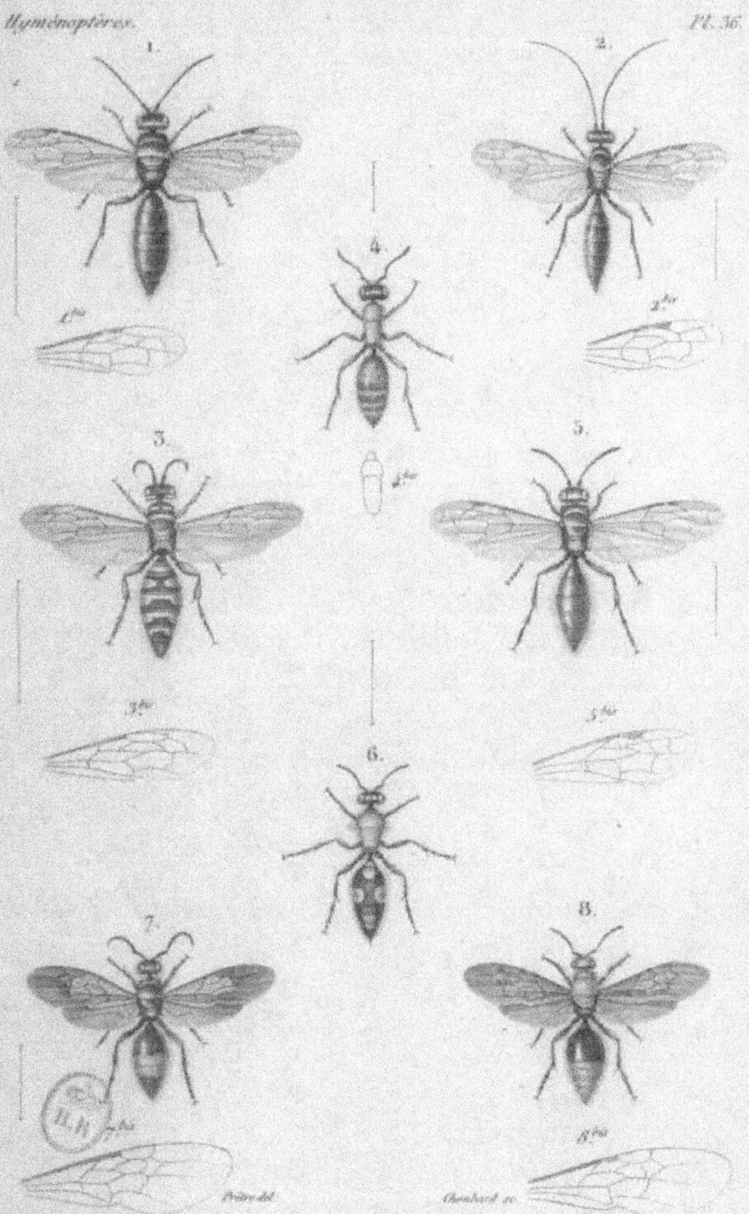

1. Elaptroptera servilii *mâle. 1ᵇⁱˢ son aile*. 2. Methoca ichneumonoides *mâle. 2ᵇⁱˢ son aile*. 3. Plesia namea *femelle. 3ᵇⁱˢ aile de la Plesia Fabienne*. 4. Myrmosa melanocephala *femelle. 4ᵇⁱˢ devésa son corselet*. 5. Myrmosa atra *mâle. 5ᵇⁱˢ son aile*. 6. Mutilla maura *femelle*. 7. Mutilla maura *mâle. 7ᵇⁱˢ son aile*. 8. Mutilla occidentalis *mâle. 8ᵇⁱˢ son aile*.

1. Parnopes carnea.♀   2. Cleptes semiaurata. ♀♂   3. Stilbum calens. ♀
4. Euchraeus purpuratus. ♀   5. Hedychrum lucidulum. ♀   6. Chrysis ignita. ♀

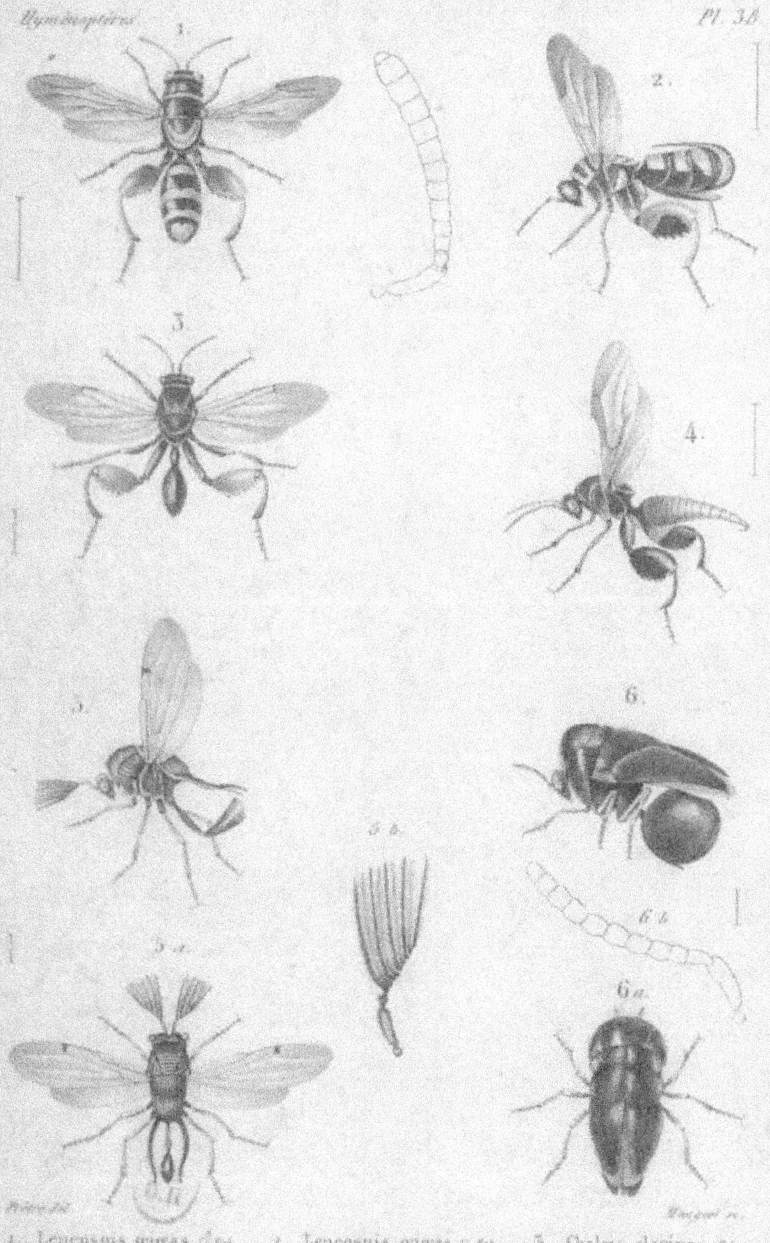

1. Leucospis gigas ♂ ...   2. Leucospis gigas ♀ ...   3. Chalcis clavipes. ♂
4. Cemura bicolor ♀   5. Chirocerus furcatus. ♂ ♀   6. Galearia violacea. ♀

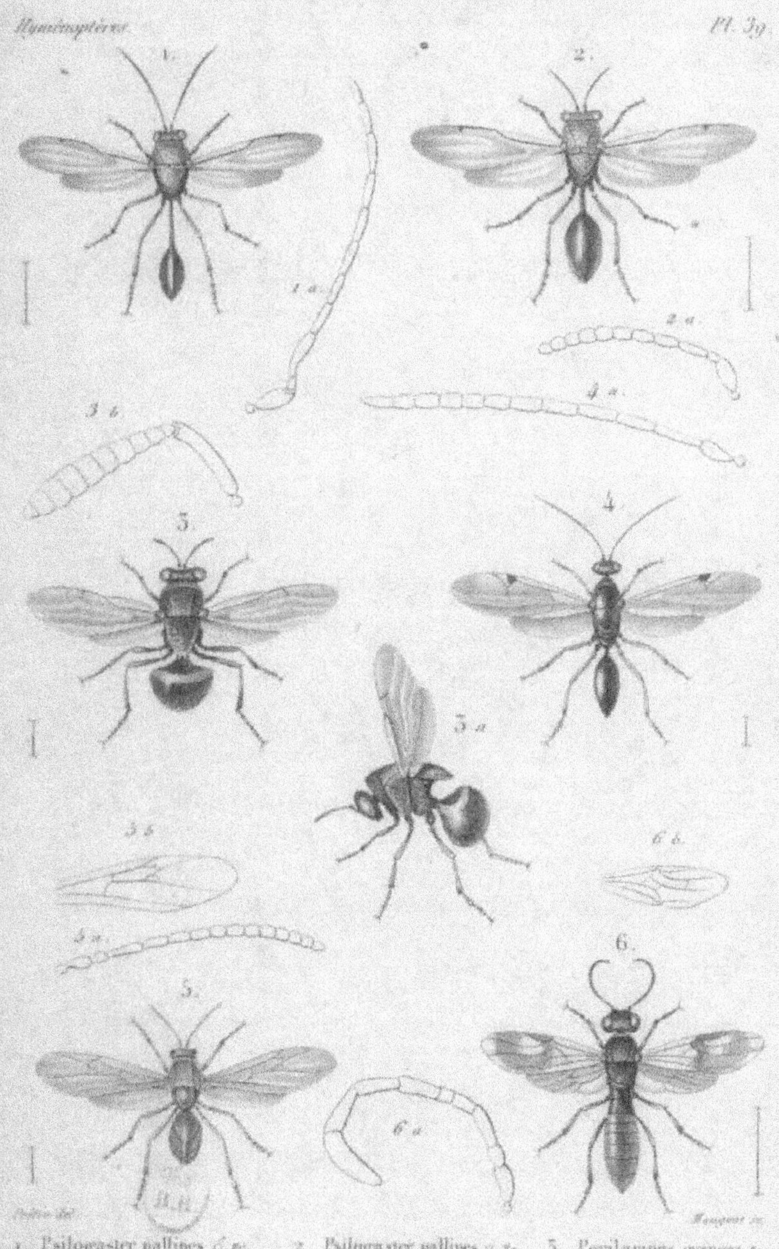

1. Psilogaster pallipes ♂.   2. Psilogaster pallipes ♀.   3. Perilampus cyaneus.
4. Brocnotropes rufipes.   5. Cynips gallarum.   6. Oryssus coronatus.

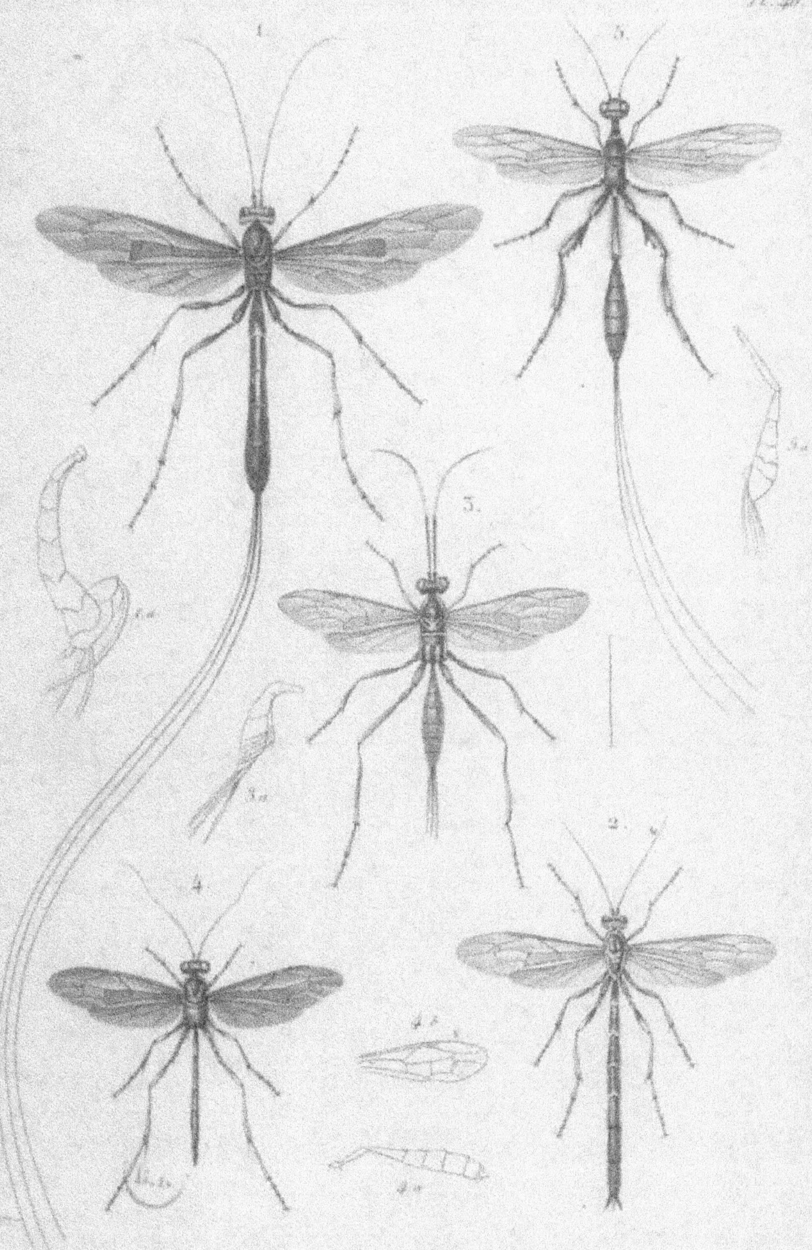

1. Rhyssa atrata. ♀.   2. Rhyssa lævigata. ♂ ♀.   3. Mesostenus variegatus. ♀.
4. Anomalon flavicorne. ♀.   5. Megischus annulator. ♀.

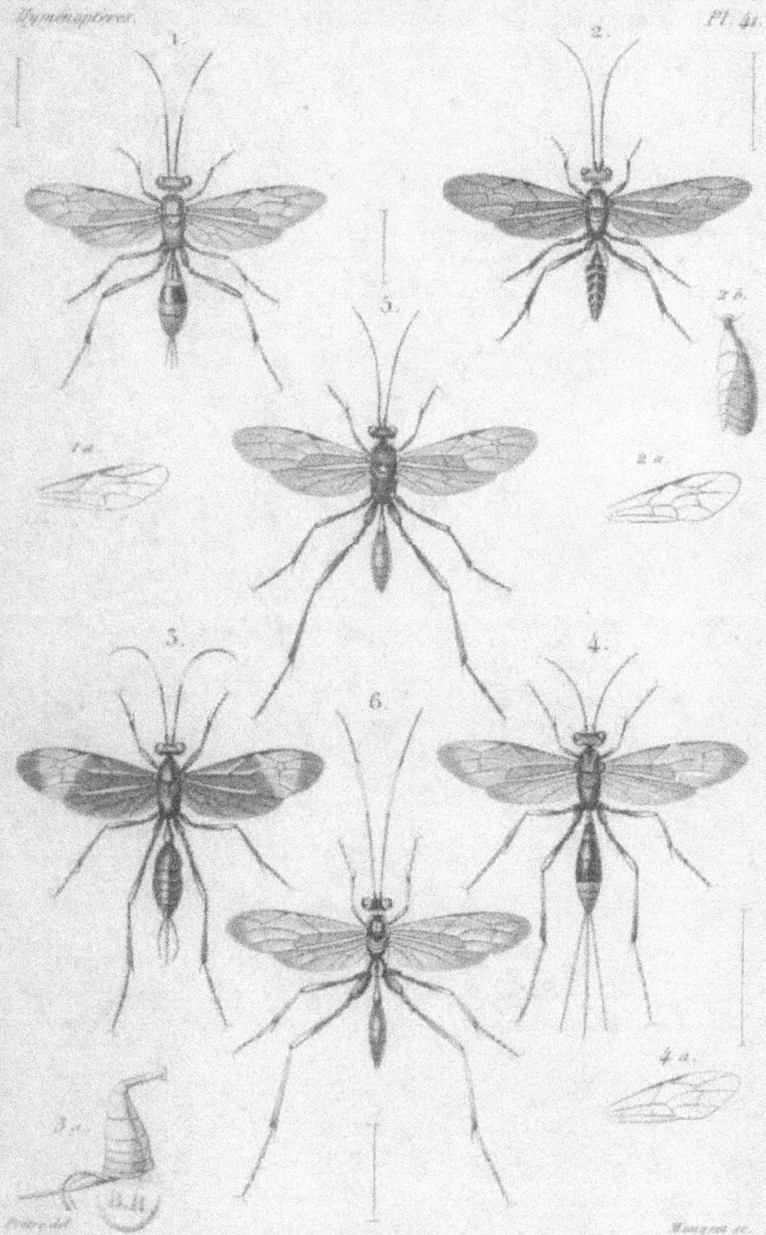

Potey del.
Mougeot sc.
1. Hemigaster fasciatus. ♂
3. Westwoodia ruficeps. ♂
5. Cryptus famosus. ♂
2. Macrogaster rufipennis. ♂
5. Christolia punctata. ♂
6. Cryptaulax nigripes. ♂

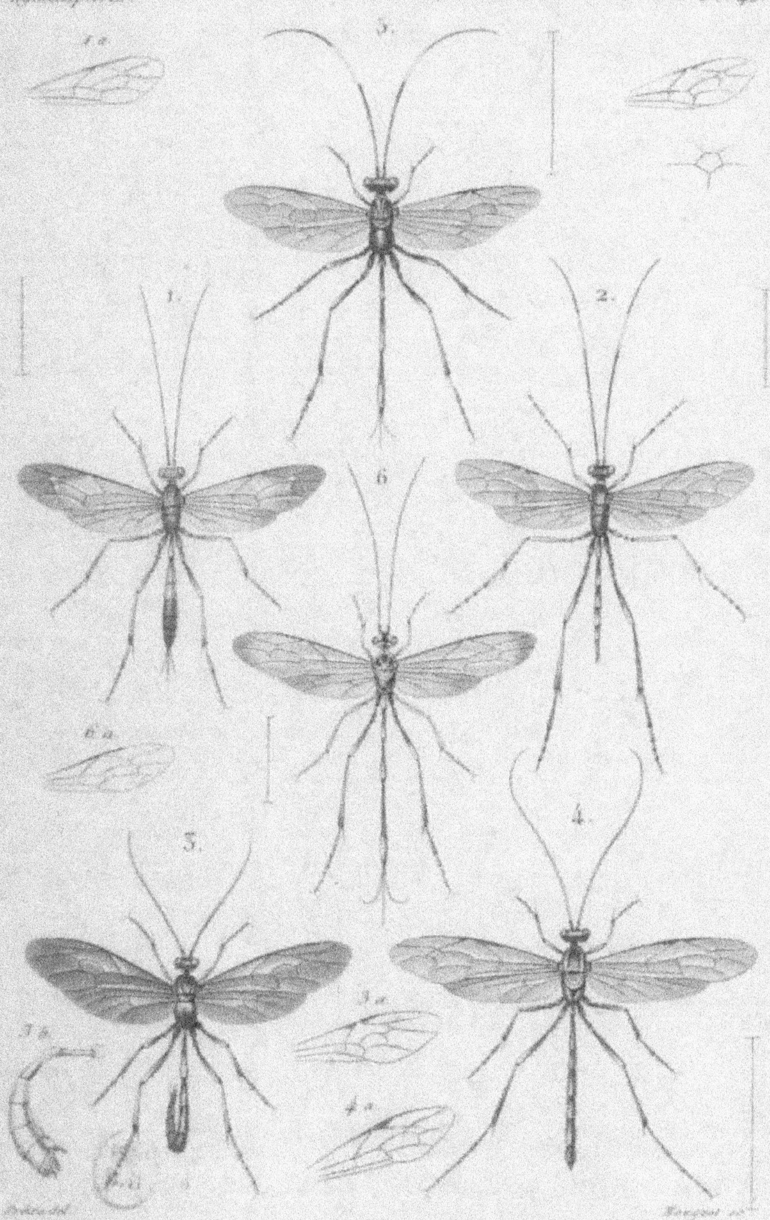

1. Ichneumon dimidiatus. ♂.   2. Atractodes albitarsis. ♂.   3. Thyreodon cyaneus. ♂.
4. Macrus ruficentris. ♂.   5. Ophiopterus coarctata. ♂.   6. Bodogaster coarctatus. ♂.

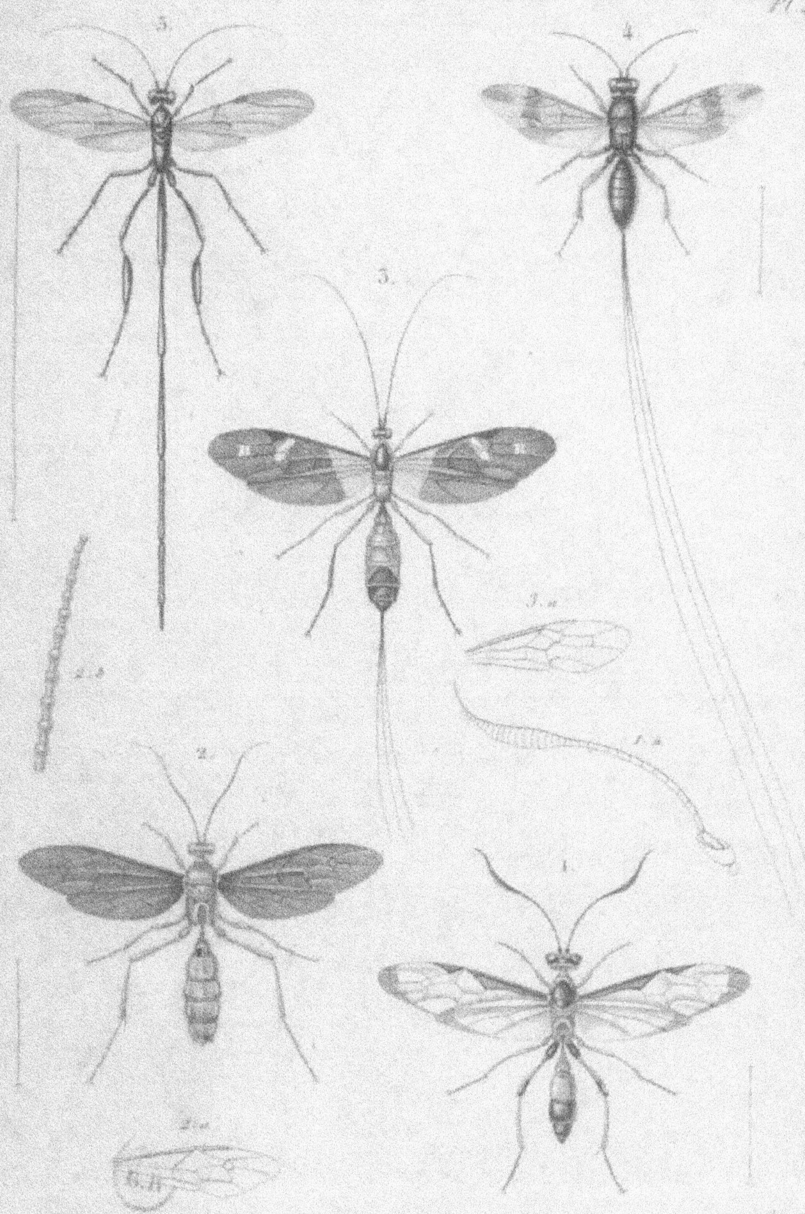

1. Joppa antennata, ♀ *Aut.*   2. Trogus exesorius ♂ *Aut.*   3. Bracon bicolor *N.*
4. Megalyra fasciipennis, *West.*   5. Pelecinus polycerator ♂ *Aut.*

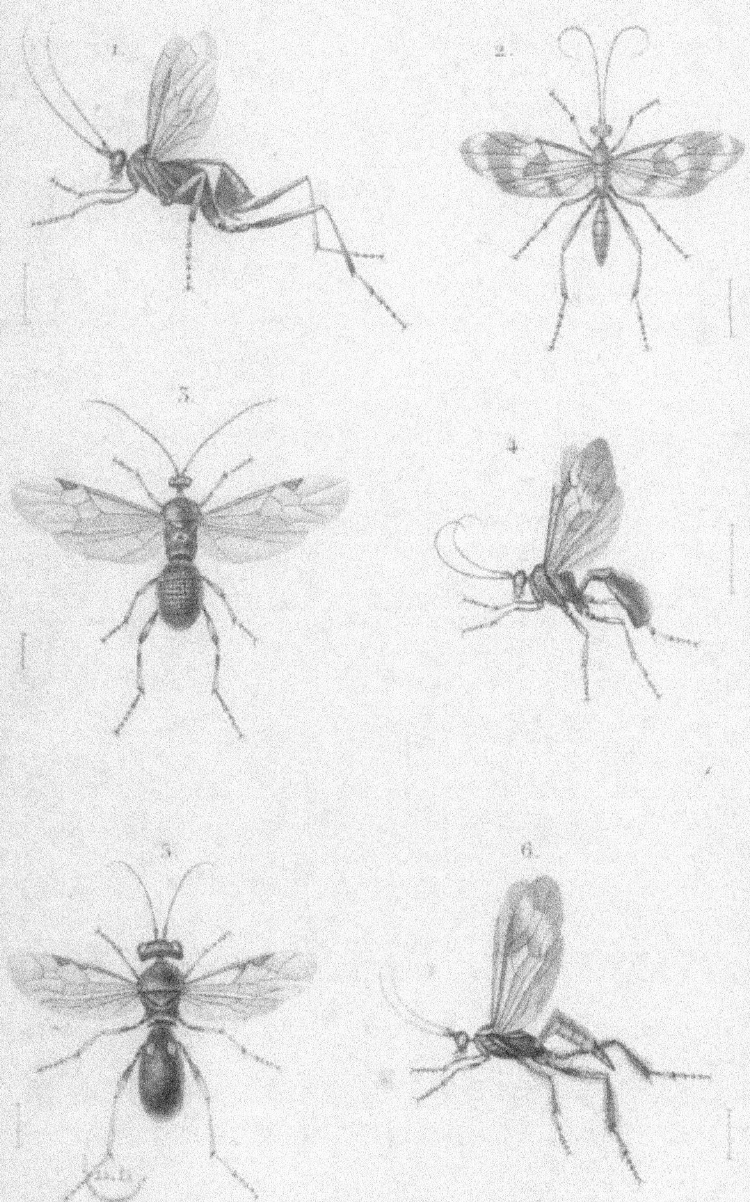

1. Evania appendigaster. *fem.* 2. Agathis desertor. *fem.* 3. Fornicia clathrata. *fem.*
4. Sigalphus irrorator. *fem.* 5. Chelonus oculator. *fem.* 6. Myosoma hirtipes. *fem.*

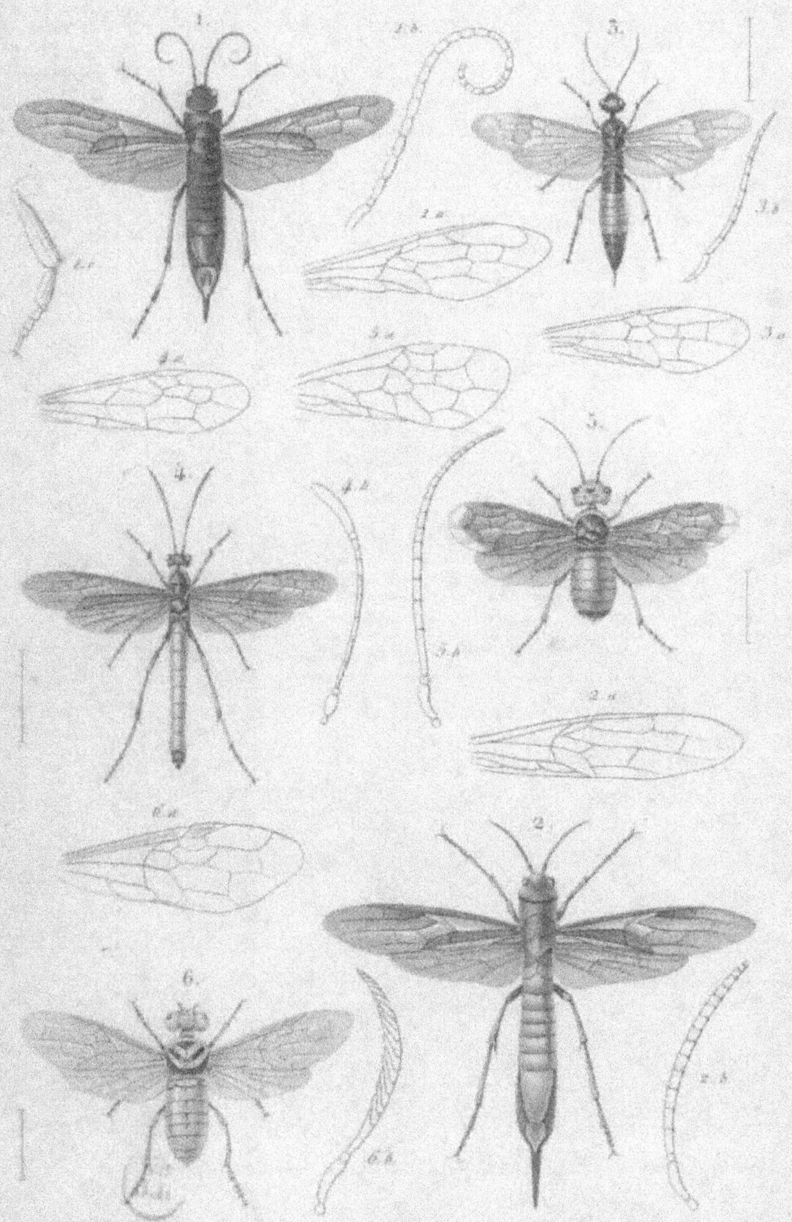

1. Sirex Edwardsii.   2. Tremex Servillei.   3. Xiphidria fasciata.
4. Cephus abdominalis.   5. Lyda fausta.   6. Tarpa Olivieri.

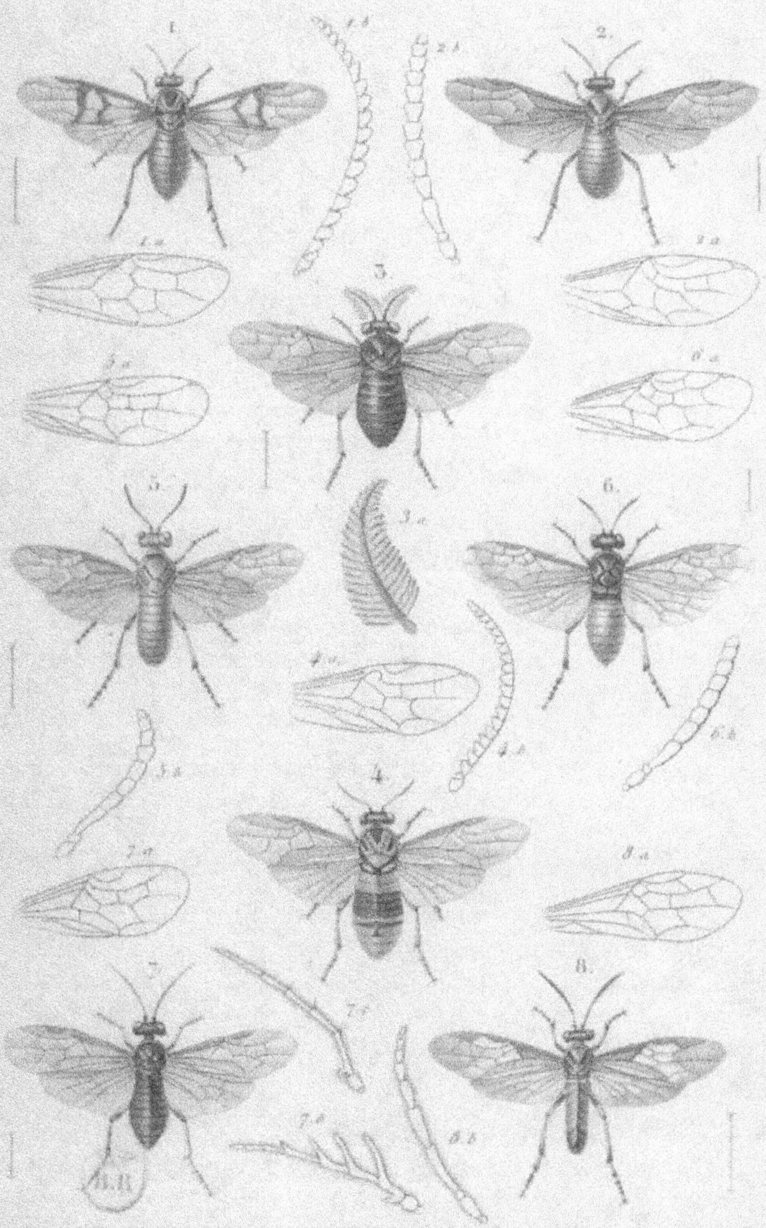

1. Pterygophorus bifasciatus ♂.   2. Perreyia lepida ♂.   3. Lophyrus pini ♂ ♂♂.
4. Lophyrus pini ♀ ♀♀.   5. Dictyma Westwoodii ♂.   6. Athalia Blanchardi ♂.
7. Cladius morio ♀ ♀♀.   8. Waldheimia Orbignyana ♂.

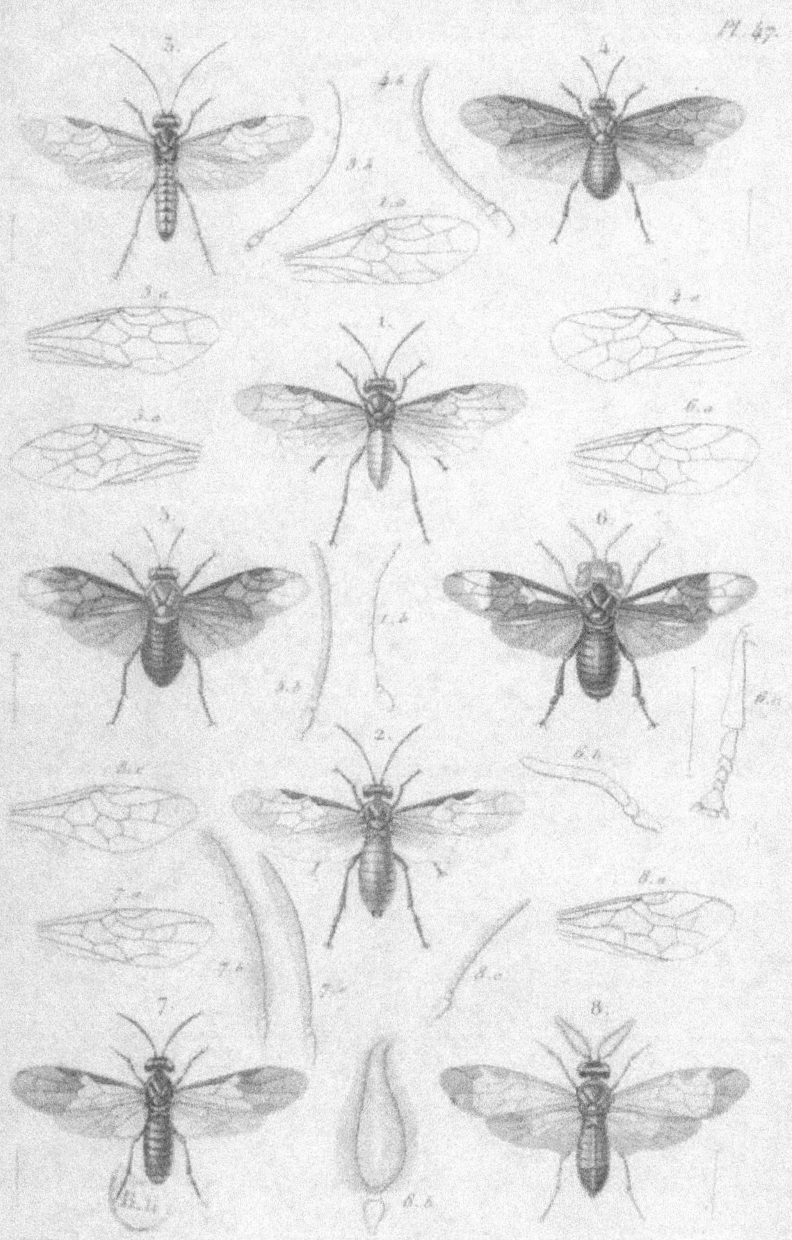

1. Dolerus dimidiatus ♂ *Lep.*   2. Dolerus dimidiatus ♀ *Lep.*   3. Emphytus pallimacula *Lep.*
4. Schizocera obscura *Kl.*   5. Serrocerra Spinolæ *Kl.*   6. Pachylota Audouini *Brullé.*
7. Hylotoma janthina *Klug.*   8. Didymia Martini *Lep.*

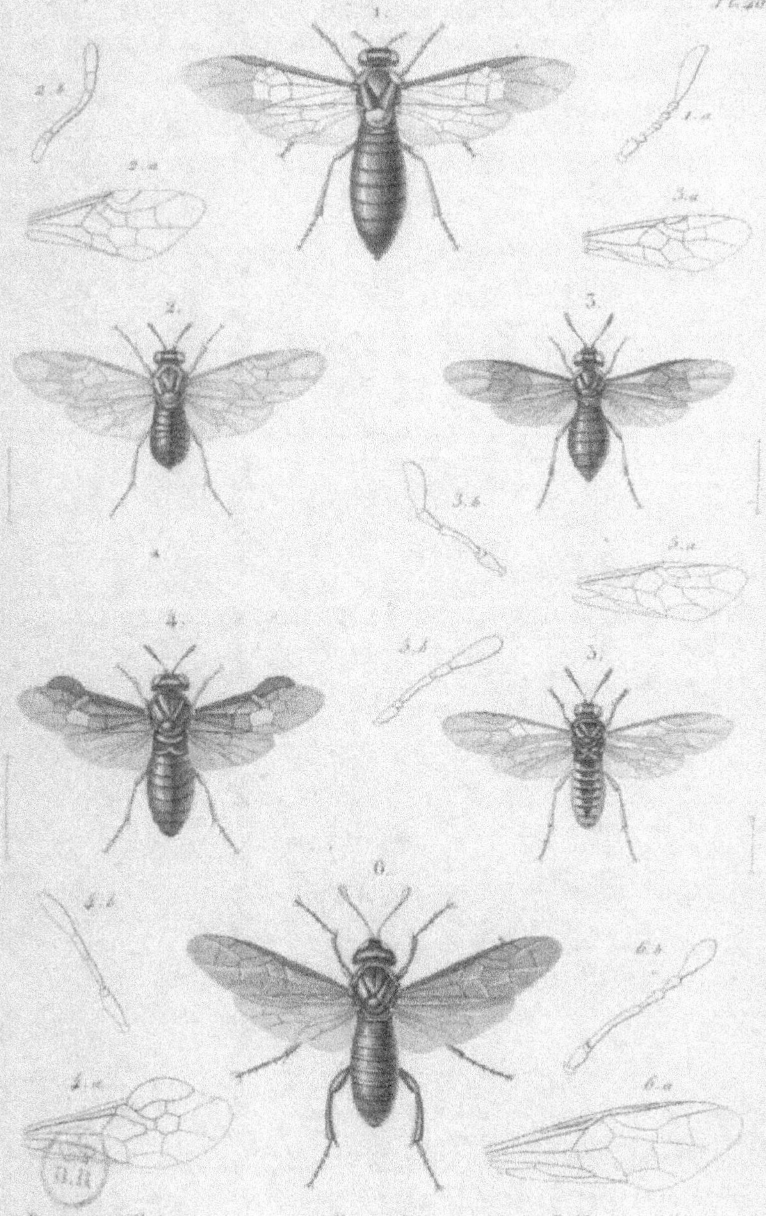

1. Perga scutellata. Leach.   2. Syzygonia cyanea. Klug.   3. Plagiocera Klugii. ...
4. Pachylosticta albiventris. Klug.   5. Amasis læta. Klug.   6. Cimbex Kirbyi. ...